James M. Russell

Das Periodensystem

James M. Russell

DAS PERIODENSYSTEM

118 chemische Elemente einfach erklärt

Aus dem Englischen
von Dietlind Falk

Anaconda

Titel der englischen Originalausgabe:
»Elementary. The Periodic Table Explained«
First published in Great Britain in 2019
by Michael O'Mara Books Limited, London.

Penguin Random House Verlagsgruppe FSC® N001967

Die Deutsche Nationalbibliothek verzeichnet diese Publikation
in der Deutschen Nationalbibliografie; detaillierte bibliografische Daten
sind im Internet unter http://dnb.d-nb.de abrufbar.

Lizenzausgabe mit freundlicher Genehmigung

Umschlaggestaltung: Harald Braun, Berlin
Satz und Layout: Achim Münster, Overath
Druck und Bindung: CPI books GmbH, Leck
ISBN 978-3-7306-0771-8
www.anacondaverlag.de

Inhalt

Einführung: Mendelejews brillante Idee

Das Periodensystem zählt zu den entscheidenden wissenschaftlichen Entdeckungen der letzten zwei Jahrhunderte, und doch waren für seine Konzeption weder Instrumente noch Experimente notwendig – es brauchte lediglich Stift, Papier, und einen talentierten Chemiker, Dmitri Mendelejew (1834–1907). Mendelejew war fasziniert von der Atomtheorie – der Vorstellung, dass die Elemente ausschließlich durch ihre atomare Struktur definiert werden –, und so kam ihm in den frühen 1860er-Jahren die Idee, alle bis dato bekannten Elemente zu einem einfachen Schaubild zu ordnen.

Zu jener Zeit war bekannt, dass die Materie aus »Elementen« besteht, von denen zweiundsechzig bereits entdeckt worden waren. Mendelejew ordnete sie zunächst nach ihrer Atommasse an, die sich aus der Anzahl von Neutronen und Protonen im Atomkern des jeweiligen Elementes ergibt. (Der Kern eines Atoms besteht aus Protonen und Neutronen, er wird umgeben von einer Hülle, in der sich die Elektronen befinden: Sie sind allerdings so leicht, dass sie für die Berechnung der atomaren Masse keine Rolle spielen).

Zunächst ordnete Mendelejew die Elemente zu einer langen Reihe an. Der Durchbruch gelang ihm jedoch durch die plötzliche Erkenntnis, dass es innerhalb dieser Reihe Muster gab: Elemente mit ähnlichen Eigenschaften tauchten innerhalb der Reihe in bestimmten »Perioden« auf.

Mendelejew trennte die Reihe in einige kürzere Reihen auf, die er übereinander anordnete, sodass Elemente mit ähnlichen Eigenschaften fortan in Spalten (diese werden auch »Gruppen« genannt) übereinander standen: So entstand seine erste Version des Periodensystems. In der Gruppe ganz links befanden sich beispielsweise Natrium, Lithium und Kalium – sie sind bei Zimmertemperatur in festem Zustand (üblicherweise bedeutet dies in etwa 20° C), ihre Oberfläche wird schnell stumpf und sie reagieren heftig, wenn man sie mit Wasser mischt.

So kam Mendelejew auf das »Gesetz der Periodizität«, eine Zusammenfassung seiner Erkenntnis, dass sich die Elemente in Gruppen einteilen lassen, deren Elemente ähnliche Eigenschaften aufweisen und die in regelmäßigen Intervallen auftauchen. Zu jenen Eigenschaften zählen Elektronegativität, Ionisierungsenergie, Metallcharakter und Reaktivität.

Nachdem Mendelejew seine Entdeckung 1869 erstmalig veröffentlichte, feilte er weiterhin an der Anordnung des Periodensystems, und stellte fest, dass die Muster noch deutlicher hervortraten, wenn er gelegentlich seine eigenen Regeln brach, indem er einige Elemente außerhalb der Reihenfolge anordnete oder eine Stelle freiließ. Arsen beispielsweise befand sich in der ursprünglichsten Version des Periodensystems in Periode 4 Gruppe 13, doch Mendelejew war der Ansicht, es passe besser zu den Elementen in Gruppe 15, sodass er es dorthin verschob und Gruppe 13 und 14 in jener Reihe freiließ.

Wie brillant diese Entscheidung tatsächlich gewesen war, stellte sich erst später heraus, nämlich als Gallium und Germanium entdeckt wurden: Elemente, die perfekt in die beiden Lücken vor Arsen passten. In den darauffolgenden 150 Jahren sind immer mehr Elemente gefunden oder synthetisiert worden: Argon, Bor, Neon, Polonium, Radon und viele andere. Und sie alle wurden ins Periodensystem einsortiert, das derzeit 118 Elemente enthält.

Mendelejews Anordnung des Periodensystems war intuitiv und basierte auf den Eigenschaften der Elemente, doch zu seinen Lebzeiten blieb die Atommasse weiterhin ausschlaggebend. Erst 1913 bewies Henry Moseley, dass das Grundprinzip der Anordnung nicht wie zuvor angenommen die atomare Masse der Elemente war, sondern ihre »Kernladungszahl« oder »Ordnungszahl«, eine etwas andere Eigenschaft. Hierbei handelt es sich ausschließlich um die Anzahl der Protonen im Atom. Protonen sind positiv geladen, die Ordnungszahl gibt also Auskunft über die Menge an positiver Ladung innerhalb des Atomkerns: Seither ist festgestellt worden, dass die Anzahl der negativ geladenen Elektronen, die den Atomkern umgeben, gleich der Anzahl an Protonen im Kern ist, sodass die Ladung eines gewöhnlichen Atoms null beträgt. Und Moseleys

Entdeckung führte wiederum dazu, dass weitere Elemente gefunden wurden, da das neu angeordnete Periodensystem weitere Lücken aufwies (für zusätzliche Informationen zu Moseley siehe S. 163).

Mittlerweile ist bewiesen, dass sich jedes Element allein anhand seiner Ordnungszahl identifizieren lässt. Doch auch die Anzahl an Neutronen ist wichtig, da sie unterschiedliche »Isotope« auszeichnet. So ist beispielsweise jedes Atom mit einem einzigen Proton ein Wasserstoffatom, doch während ein gewöhnliches Wasserstoffatom keine Neutronen hat (man nennt es auch Protium oder H), gibt es zwei weitere Isotope, die in der Natur vorkommen: Deuterium (^{2}H), das ein Proton und ein Neutron besitzt, und Tritium (^{3}H) mit einem Proton und zwei Neutronen. Auch ist es möglich, weitere Isotope synthetisch herzustellen: Wenn man Tritium mit Deuterium-Nuklei bombardiert, so kann man Wasserstoff-4 herstellen (4H), das ein Proton und drei Neutronen besitzt. Dieses Isotop ist allerdings höchst instabil und wird rasch wieder zu einem der natürlichen Isotope zerfallen.

Dank Mendelejews simpler Übersicht ließen sich nicht nur unentdeckte Substanzen voraussagen: Sie führte bei Chemikerinnen und Chemikern auch zu einem tieferen Verständnis von Atomen an sich. Sie begriffen schließlich, dass die Ähnlichkeit der in den Gruppen des Periodensystems angeordneten Elemente von ihrer subatomaren Struktur herrührte. Die Elektronen eines Atoms sind auf unterschiedlichen Bahnen angeordnet, die als Schalen bezeichnet werden. Auf jeder dieser Schalen gibt es für die

Elektronen nur eine begrenzte Anzahl an Plätzen: Zwei auf der ersten Schale, acht auf den beiden nächsten Schalen.

Je höher die chemische Ordnungszahl, desto mehr dieser Plätze werden von Elektronen »besetzt«. Elemente derselben Gruppe im Periodensystem haben dieselbe Anzahl an Elektronen in ihrer äußeren »Valenzschale« – und es ist die Anzahl an Elektronen auf dieser Schale, die vorgibt, wie sich das Atom während einer bestimmten chemischen Reaktion verhalten wird, bei der unterschiedliche Atome Elektronen austauschen und die Moleküle, die aus diesen Atomen bestehen, durch die Reaktion verändert werden. Elemente, deren äußere Schale voll mit Elektronen besetzt ist (dazu gehören die Edelgase Helium, Neon und Argon), sind stabiler und deutlich weniger reaktionsfreudig als Elemente, auf deren äußerster Schale Plätze frei sind.

Wichtig ist auch, dass eine unterschiedliche Anordnung derselbe Elektronenzahl zu unterschiedlichen Verbindungen führen kann, die die Atome eines Elementes untereinander eingehen. Wir werden sehen, dass unterschiedliche Verbindungseigenschaften von Kohlenstoff zu sehr unterschiedlichen Substanzen führen können: Diamant, Grafit und Ruß, die alle drei »Allotrope« von Kohlenstoff sind.

Unser derzeitiges Verständnis der chemischen Struktur des Universums ist somit fest in Mendelejews Periodensystem verwurzelt. Als theoretisches Hilfsmittel war es ein Schlüssel zur erstaunlichen Mikro-Welt der subatomaren Teilchen. Doch dieser Durchbruch war nur durch die Entwicklung der Atomtheorie möglich, die im 19. Jahrhundert weitreichende Anerkennung fand.

John Dalton war ein begabter Amateur-Wissenschaftler des frühen 19. Jahrhunderts. Er war Quäker und somit von den meisten britischen Universitäten ausgeschlossen, wurde jedoch von dem blinden Philosophen John Gough unterrichtet. Nachdem er das radikale »New College« in Manchester aus finanziellen Gründen verlassen musste, führte er weiterhin eigene Experimente durch und trug wesentlich zu unserem Verständnis der Wettervorhersage bei, darüber hinaus machte er Entdeckungen zum Verhalten von Gasen und zur Farbenblindheit.

Sein wichtigstes Vermächtnis jedoch waren seine Ergebnisse zu dem, was als »Atomtheorie« bekannt wurde. Während Dalton darüber nachdachte, dass Elemente auf vorhersehbare und regelmäßige Art und Weise miteinander reagieren (beispielsweise teilen sich Verbindungen in bestimmte Mengen ihrer ursprünglichen Elemente auf), entwickelte er die erste Vorstellung von einem »atomaren Gewicht«. 1810 veröffentlichte er eine Liste mit dem atomaren Gewicht von Wasserstoff, Sauerstoff, Stickstoff, Kohlenstoff, Schwefel und Phosphor.

Wir verdanken dieser Erkenntnis – dass die einzelnen Atome der jeweiligen Elemente identisch sind und eine festgesetzte Masse haben – die in den darauffolgenden Jahrzehnten erzielten Fortschritte auf dem Gebiet der Chemie, die schließlich zu Mendelejews Periodensystem führten.

Nach diesem kurzen Überblick zur Entstehung und der Bedeutsamkeit von Atomtheorie und Periodensystem, begeben wir uns nun auf eine kleine Reise, die uns durch die 118 bisher bekannten Elemente führt, und zwar aufsteigend nach ihrer chemischen Ordnungszahl.

Die Elemente 1 – 56

Wasserstoff

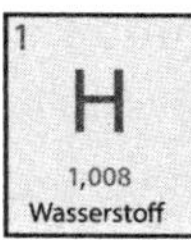

Kategorie:
Nichtmetall

Ordnungszahl: 1

Farbe: Farblos

Schmelzpunkt:
–259 °C (–434 °F)

Siedepunkt:
–253 °C (–423 °F)

Entdeckt: 1766

Wasserstoff besteht aus nur einem Proton und einem Elektron, und ist somit das Atom mit der einfachsten Struktur überhaupt. Es war eines der ersten Elemente, das nach dem Urknall entstanden ist, und bleibt das am häufigsten vorkommende Element im Universum: Obwohl es auf endlos vielen Sternen verbrennt, wodurch Helium entsteht, besteht das messbare Universum zu mehr als 75 % aus Wasserstoff, und es taucht in mehr Verbindungen auf als jedes andere Element.

Wasserstoff ist ein leichtes, farbloses, leicht entzündliches Gas, das auf unserem Planeten häufig in Form von Wasser vorkommt (das aus zwei Wasserstoffatomen und einem Sauerstoffatom besteht). Durch die schwachen molekularen Bindungen, die Wasserstoff eingeht, liegt der Siedepunkt von Wasser relativ hoch, sodass es in der Erdatmosphäre in flüssiger Form vorkommen kann, während sich die Wasserstoffverbindungen bei niedrigen Temperaturen anpassen und die Sauerstoffatome zu einer Art Kristallgitter ausdehnen: Die meisten Substanzen haben in fester Form eine höhere Dichte als in flüssiger Form, doch durch diese Gitterbildung ist Eis leichter als Wasser, wodurch sich erklären lässt, dass Eisberge schwimmen.

Auch mit Kohlenstoff geht Wasserstoff Verbindungen zu sogenannten Kohlenwasserstoffen ein, darunter fossile Brennstoffe wie Kohle, Rohöl und Erdgas (Wasserstoff ist ein sehr leicht brennbares Element – wenn irgendwo eine Kerze brennt, liegt das hauptsächlich daran, dass der Wasserstoff aus dem Öl oder Wachs gelöst wird und verbrennt, wenn er in Kontakt mit Sauerstoff kommt). Ohne Wasserstoff gäbe es keine Wärme und kein Licht, da auf der Sonne keine unablässige Kernschmelze stattfinden könnte.

Paracelsus, ein Alchemist aus dem 16. Jahrhundert, beobachtete als Erster, dass sich Bläschen eines entzündlichen Gases bildeten, wenn man Metalle mit starker Säure mischte. 1671 stellte Robert Boyle dies ebenfalls fest, als er Eisenspäne mit Salzsäure mischte (einer Verbindung aus Wasserstoff und Chlor). 1766, beinahe hundert Jahre später, wurde Henry Cavendish klar, dass es sich bei diesem Gas um ein eigenständiges Element handelte, auch wenn er es brennbare Luft nannte und fälschlicherweise als Phlogiston identifizierte. 1781 fand Cavendish heraus, dass dieses Gas im Brennvorgang Wasser produzierte, sodass er nahelegte, bei dem Sauerstoff, mit dem es sich verbände, handle es sich um »dephlogistierte Luft«.

Phlogiston: Auf dem Holzweg

Die Phlogiston-Theorie, die Cavendish auf eine falsche Fährte führte, war die mittlerweile überholte Vorstellung, dass sämtliche brennbaren Stoffe ein feuerähnliches Element enthielten (benannt nach dem altgriechischen Wort für »Flamme«). Die Theorie besagte, dass Stoffe, die Phlogiston enthielten, dephlogistisiert wurden, wenn sie verbrannten. Die Theorie bekam erste Risse, als bewiesen wurde, dass manche Metalle schwerer statt leichter wurden, wenn sie verbrannten, und Lavoisier hebelte die Theorie mehr oder weniger aus, als er mithilfe geschlossener Gefäße bewies, dass jede Verbrennung ein Gas (Sauerstoff) mit messbarer Masse benötigte.

Wasserstoff ist extrem leicht, sodass man ihn in der Luft kaum in Reinform findet (er steigt auf und verschwindet aus der Atmosphäre). Er ist sehr viel leichter als Sauerstoff oder Stickstoff, weshalb die ersten Heißluftballons mit diesem Gas befüllt wurden. Auch bei Zeppelinen wurde es eingesetzt (also Heißluftballons mit festem Gerüst) – doch der anfängliche Boom der Luftschifffahrt Anfang des 20. Jahrhunderts fand 1937 mit dem spektakulären Absturz der *LZ 129 Hindenburg* ein jähes Ende.

Allerdings wird Wasserstoff in einigen NASA-Raketen eingesetzt, auch in den Space-Shuttle-Motoren, die betrieben werden, indem flüssiger Wasserstoff mit purem Sauerstoff verbrannt wird. Auch könnte Wasserstoff der saubere Treibstoff der Zukunft sein und somit fossile Brennstoffe als Autoantrieb ersetzen, entweder direkt oder, was wahrscheinlicher ist, in Form einer Brennstoffzelle, die ausschließlich Wasserdampf als Abgas produzieren würde. Allerdings stehen dem einige Probleme im Weg: Große Mengen eines derart leichtentzündlichen Gases zu verwahren wäre gefährlich, und Wasserstoff wird entweder aus Kohlenwasserstoffen gewonnen, was zu noch mehr Produktion von Treibhausgasen führen würde, oder aus Wasserelektrolyse, für die Elektrizität notwendig ist, die wiederum vermutlich mithilfe fossiler Brennstoffe gewonnen worden ist.

Wasserstoff findet noch viele weitere Anwendungen: Er wird zur Produktion von Ammoniak für Dünger verwendet, um Verbindungen wie Cyclohexan oder Methanol herzustellen (die in der Plastikproduktion und zur Herstellung von Medikamenten gebraucht werden), in der Herstellung von Margarine, Glas und Siliziumchips, um nur einige wenige wichtige Produkte zu nennen.

Helium

Kategorie: Edelgas
Ordnungszahl: 2
Farbe: Farblos
Schmelzpunkt: –272 °C (–458 °F)
Siedepunkt: –269 °C (–452 °F)
Entdeckt: 1895

Nahezu alles im Universum, was nicht aus Wasserstoff besteht, besteht aus Helium – alle anderen Elemente ergeben gerade einmal 2 % der Masse des Universums, obwohl sie schwerer sind als diese beiden leichtesten, simpelsten Elemente.

Ungeachtet dessen kommt Helium hier auf der Erde nicht so massenhaft vor – tatsächlich wurde seine Existenz erst 1895 endgültig bewiesen.

Als eines der Edelgase ist Helium das zweitreaktionsunfreudigste Element, sodass es, im Gegensatz zum Wasserstoff, nicht in vielen Verbindungen zu finden ist. Mit Wasserstoff gemeinsam hat es jedoch die Eigenschaft, in reinster Form leichter als Luft zu sein, sodass auch Helium dazu tendiert, aus der Erdatmosphäre aufzusteigen und zu verschwinden. Wir finden Helium in natürlichen Gasvorkommen unter der Erde, wo es durch den Zerfall radioaktiver Elemente wie Thorium und Uran entsteht.

Die Sonne besteht zu etwa 24 % aus Helium: In der extremen Hitze dieses Sterns findet eine Kernschmelze von Wasserstoffnuklei statt, durch die Helium entsteht. So werden riesige Energiemengen freigesetzt, und potenziell könnte dies ein umweltfreundlicher und unbegrenzter Energielieferant der Zukunft sein, nur sind wir auf der Erde vermutlich noch Jahrzehnte davon entfernt, diesen Kernschmelzeprozess künstlich herbeiführen zu können.

Der Micky-Maus-Effekt

Nachdem Helium in Amerika in natürlichen Gasvorkommen gefunden wurde, entstand 1915 in Texas die erste Helium-Fabrik (sie versorgte die Armee mit Gas für ihre Sperrballons). Ab 1919 experimentierte die US-Navy mit verschiedenen Gasmischungen, um dem Problem der Stickstoffnarkose bei Tiefseetauchern beizukommen. In den Aufzeichnungen zu einem 1925 durchgeführten Experiment ist nachzulesen, dass sich die Taucher, die eine Mischung aus Helium und Sauerstoff einatmeten, darüber beschwerten, dass die Stimmveränderung die Kommunikation erschwere. (Die witzige Micky-Maus-Stimme entsteht durch die Schallwellen, die jedes Gas, das leichter ist als Luft, schneller durchdringen). Mit der Zeit wurde die Heliumherstellung ausgebaut, und Partyballons wurden mit dem Gas gefüllt, sodass eine neue Generation von Kindern den Trick mit der witzigen Stimme für sich entdeckte.

Eine Möglichkeit, Elemente zu identifizieren, bietet das sogenannte Spektroskop, ein Instrument, das die unterschiedlich gefärbten Flammen untersucht, die durch die

Verbrennung unterschiedlicher Elemente entstehen, um sozusagen einen »elementaren Fingerabdruck« zu erstellen, in dem das Licht zu farbigen Strahlen gebündelt wird, statt ein ganzes Spektrum zu werfen. Während einer Sonnenfinsternis 1868 bemerkten zwei Astronomen unabhängig voneinander (der Franzose Jules Janssen und der Engländer Norman Lockyer) einige klare Linien im Spektrum der Sonne, die zu keinem bis dato bekannten Element passten. Lockyer schlussfolgerte, es handle sich dabei um ein unentdecktes Element, das er Helium nannte, nach dem griechischen Sonnengott Helios. Die Endung -ium legt nahe, dass er annahm, es handle sich um ein Metall, denn Helium ist das einzige nicht-metallische Element mit dieser Endsilbe. In den folgenden Jahrzehnten wurden keine weiteren Beweise für die Existenz von Helium gefunden, doch Lockyers Annahme wurde 1895 bestätigt, als der Chemiker William Ramsay Spuren von Helium fand, die von einem Stück Uran abgesondert wurden, das mit Säure behandelt worden war. Das Helium hatte sich bereits im Stein gebildet, wurde jedoch freigesetzt, als die Säure teile der Oberfläche auflöste.

Helium ist die Substanz mit dem niedrigsten Siedepunkt überhaupt, sodass es dazu genutzt werden kann, andere Substanzen zu unterkühlen. Es wird beispielsweise im Large Hadron Collider eingesetzt, in supraleitenden Magneten wie MRTs, und um den flüssigen Wasserstoff in einigen NASA-Raketen zu kühlen. (Unterkühlung nennt sich der Vorgang, bei dem die Temperatur einer Substanz unter deren Gefrierpunkt gesenkt wird, ohne dass sie jedoch fest wird). Manche Airbags enthalten Helium, weil es sich bei einer Dekompression so schnell ausbreitet (wobei auch Stickstoff und Argon zu diesem Zweck verwendet werden).

Es gibt Grund, sich um die Heliumvorkommen auf unserem Planeten zu sorgen. Seit der Privatisierung amerikanischer Aktien in den 1990er-Jahren ist der Marktpreis im Keller, trotzdem ist Helium eine begrenzte Ressource, und die Vorkommen auf unserem Planeten erneuern sich immer nur sehr langsam. Während also niemand bestreiten wird, dass Helium-Ballons Spaß machen, sollte man nicht vergessen, dass das Helium daraus entweichen und die Erdatmosphäre verlassen kann, und sie somit nicht die cleverste Art darstellen, dieses Edelgas zu nutzen.

Lithium

Kategorie:
Alkalimetall

Ordnungszahl: 3

Farbe: silbrig weiß

Schmelzpunkt:
181 °C (358 °F)

Siedepunkt:
1342 °C (2448 °F)

Entdeckt: 1817

Wissenschaftler vermuten, dass das Metall Lithium neben Wasserstoff und Helium das einzige Element ist, das ebenfalls beim Urknall entstanden ist, allerdings in wesentlich geringerer Menge.

Lithium wurde im Jahr 1800 zum ersten Mal in Petalit gefunden, einem blassen oder durchsichtigen Erz, das zu Diamanten geschliffen werden kann, doch erst 1817 wurde dem Chemiker Johan August Arfwedson klar, dass dieses Erz ein weiteres, bisher unbekanntes Element enthielt. Er benannte es nach dem griechischen Wort für Stein, *lithos*, da man es in einem Erz gefunden hatte, wohingegen die anderen Alkalimetalle wie Kalium und Natrium erstmalig in organischer Materie nachgewiesen worden waren, beispielsweise in der Asche von Pflanzen oder Tierblut. 1821 isolierte William Thomas Brande mithilfe der Elektrolyse zum ersten Mal pures Lithium aus Lithiumoxid. Es ist weich und silbrig, hat die geringste Dichte aller Metalle, und reagiert heftig mit Wasser.

Der merkwürdige Fall 7 Up

Die meisten Menschen wissen, dass Coca-Cola ursprünglich Kokain enthielt, aber wussten Sie, dass 7 Up früher Lithiumcitrat enthielt, das medizinisch gegen Stimmungsschwankungen eingesetzt werden kann? Die von Charles Leiper Grigg gegründete Howdy Corporation brachte 1920 einen neuen Softdrink heraus, der zunächst »Bib-Label Lithiated Lemon-Lime Soda« hießt. Schließlich wurde der Name zu 7 Up geändert, doch nach 1948 wurde der Gebrauch von Lithium in der Getränkeherstellung verboten.

Lithium ist so reaktionsfreudig, dass es als Metall nicht in natürlicher Form auf der Erde vorkommt – reines Lithium muss in einem Schutzöl verwahrt werden, damit es nicht korrodiert. Stattdessen finden sich Spuren von Lithium in gewissen Magmagesteinen sowie in gelöster Form im Wasser von Mineralquellen.

Schon im zweiten Jahrhundert hat der Arzt Soranos von Ephesos unwissentlich Lithium als Medizin eingesetzt, als er das basische Wasser einer örtlichen Quelle gegen Manie und Melancholie verschrieb (heute weiß man, dass es Lithium enthält). Ab dem 19. Jahrhundert wurde Lithiumcarbonat mal mehr und mal weniger erfolgreich zu medizinischen Zwecken eingesetzt, seit den 1940er-Jahren besonders zur Behandlung bipolarer Störungen, obwohl es immer wieder Kontroversen zu seinen

Nebenwirkungen und der potenziellen Giftigkeit von Lithium gab.

Lithium kann ebenfalls für Legierungen mit Aluminium und Magnesium eingesetzt werden, durch die sie stärker und leichter werden – sie finden in der Luftfahrt, in der Herstellung von Fahrrädern und Zügen Gebrauch, wo leichteres Metall zu höherer Geschwindigkeit führt. Darüber hinaus wird eine Lithiumverbindung in den Kathoden von Lithiumbatterien eingesetzt, wodurch sie langlebiger sind als die meisten anderen Standardbatterien.

Beryllium

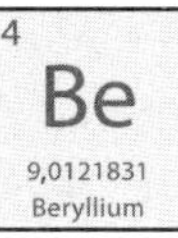

Kategorie: Erdalkalimetall
Ordnungszahl: 4
Farbe: silbrig weiß

Schmelzpunkt: 1287 °C (2349 °F)
Siedepunkt: 2469 °C (4476 °F)
Entdeckt: 1798

Bevor die Menschheit Beryllium überhaupt kannte, war sie fasziniert von einem Mineral, das dieses seltene Metall enthält: Beryll (dessen wissenschaftlicher Name Aluminium-Beryllium-Silikat ist) kann sich zu einer Vielzahl schönster Diamanten verarbeiten lassen, darunter Aquamarin, Heliodor und Smaragd (dessen anziehende grüne Farbe durch geringe Mengen von Chrom oder Vanadium entsteht). Schon die alten Ägypter, Kelten und Römer schätzten Smaragde, die zur damaligen Zeit aus Vorkommen in Mitteleuropa oder Indien stammten, später wurden sie ebenfalls in Südamerika und Afrika entdeckt.

Ein gefährliches Metall

Frühe Leuchtstoffröhren waren mit Chemikalien überzogen, darunter auch Berylliumoxid. Unglücklicherweise sind Berylliumdämpfe giftig und führen zu einer entzündlichen Lungenkrankheit namens Berylliose. In den späten 1940er-Jahren wurde diese Herstellungsweise nicht mehr fortgeführt, nachdem die Krankheit in einer amerikanischen Fabrik ausgebrochen war, die derlei Lampen herstellte. Der Kernphysiker Herbert L. Anderson, der maßgeblich zum Manhattan Project beitrug, starb 1988 nach vierzigjährigem Kampf gegen diese Krankheit, die er sich durch seine Arbeit mit Uran während des Atomprogramms zugezogen hatte.

Im 18. Jahrhundert fragte der französische Priester und Mineraloge René-Just Haüy den Chemiker Louis Nicolas Vauquelin, ob Beryll vielleicht ein unerkanntes Element in seinem chemischen Aufbau berge. 1798 identifizierte Vauquelin dieses neue Metall und gab seine Entdeckung bekannt – er nannte es Glaucinium, nach dem griechischen Wort für süß (*glykys*), da es in einigen Verbindungen süßlich schmeckte. Schließlich setzte sich jedoch der Name Beryllium durch, da das Element aus dem Beryll gewonnen worden war.

Es dauerte dreißig Jahre, bis es französischen und deutschen Forschern unabhängig voneinander durch Experimente gelang, Beryllium zu isolieren, indem sie es durch eine Reaktion mit Kalium aus Berylliumchlorid extrahierten. Es handelt sich um ein weiches, silbrig weißes Metall mit geringer Dichte. Man findet es selten im Universum, es ist erst nach dem Urknall entstanden und kann nicht auf Sternen entstehen, nur durch Supernova-Explosionen.

Beryllium hat einige spezielle Eigenschaften – James Chadwick bekam 1935 den Nobelpreis für seine Entdeckung verliehen, dass es Neutronen reflektiert, während es für Röntgenstrahlen durchlässig ist. Diese Eigenschaften erklären einige der heutigen Anwendungsbereiche von Beryllium: Beryllium-Folie wird in der Röntgenlithografie verwendet, als Metall für Austrittsfenster an Röntgenröhren, für Weltraumteleskope und in nuklearen Sprengköpfen, wo es die Neutronen ablenkt, mit denen das Uran bombardiert wird. Man gebraucht es ebenso für Legierungen mit Kupfer und Nickel (deren elektrische und thermische Leitfähigkeit dadurch erhöht wird), um damit Geräte wie Gyroskope, Elektroden und Sprungfedern herzustellen, sowie in anderen Legierungen für den Flugverkehr und Satelliten.

Bor

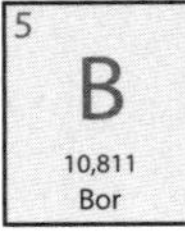

Kategorie: Halbmetall
Ordnungszahl: 5
Farbe: unterschiedlich
Schmelzpunkt: 2076 °C (3769 °F)
Siedepunkt: 3927 °C (7101 °F)
Entdeckt: 1732

Genau wie Beryllium war auch Bor jahrhundertelang nur aufgrund einer seiner Verbindungen bekannt: Borax (der auch Natriumborat, Natriumtetraborat oder Dinatriumtetraborat genannt wird). Borax ist ein Salz, das aus Borsäure entsteht und weiche, weiße Kristalle bildet, die sich in Wasser auflösen. Im Laufe der Geschichte ist Borax als Reinigungsmittel, Schminke, Feuerhemmer und Insektenschutz verwendet worden, und von Goldschmieden früherer Zeiten wurde er als Schmelzmittel genutzt: Unter Zugabe von Borax ließ sich das Metall einfacher verarbeiten. In Chaucers *Canterbury Tales* kann man nachlesen, dass er im England unter Elizabeth I. als Schminke genutzt wurde, man mischte ihn mit Eierschalen und Öl und rieb sich die Mischung ins Gesicht, um die damals so beliebte weiße Haut zu erhalten.

Im Mittelalter waren die einzigen bekannten Boraxvorkommen kristalline Schichten eines Sees in Tibet – über die Seidenstraße gelangte er auf die Arabische Halbinsel und kam von dort aus nach Europa. Im 19. Jahrhundert wurden weitere Vorkommen in den Wüsten von Kalifornien und Nevada entdeckt, sodass Borax zunehmend verwendet wurde – die Pacific Coast Borax Company verkaufte ihn als Marke namens 20 Mule Team Borax, da sie ihn mithilfe von Maultieren aus der Wüste beförderte.

Leben auf der Erde

Man findet Bor in einigen der ältesten Steinformationen auf der Erde – in reiner, metallartiger Form kommt Bor jedoch nur in Meteoriten vor. Trotzdem spielt es für die Biologie auf unserem Planeten eine entscheidende Rolle: Es stabilisiert Ribose, die laut einiger Theorien eine Schlüsselfunktion in der Entwicklung der DNA gespielt hat. Und Pflanzen wachsen einfach nicht, wenn der Boden keine Spuren von Bor enthält – es ist für das Wachstum der Pflanzenstammzellen unerlässlich.

1732 bemerkte der französische Chemiker François Geoffroy (auch bekannt als Geoffroy der Jüngere), dass eine bestimmte grüne Flamme entstand, wenn er Borax mit Schwefelsäure zu Borsäure machte, Alkohol hinzufügte und das Gemisch anzündete. Dieser Test bewies, dass darin Bor enthalten war, und wurde zum Standardtest, um Borax nachzuweisen – eine entscheidende Voraussetzung für die Entdeckung der Borax-Vorkommen im Death Valley.

1808 gelang es den französischen Chemikern Joseph Louis Gay-Lussac und Louis-Jacques Thénard zeitgleich mit dem englischen Chemiker Sir Humphry Davy durch das Erhitzen von Borax mit Kaliummetall Bor zu gewinnen. Es handelte sich noch nicht um reines Bor – dies gelang Ezekiel Weintraub erst 1909 in den USA –, doch es stellte sich als ein brauner, nichtkristalliner Feststoff mit vielen hilfreichen chemischen Eigenschaften heraus.

Kohlenstoff

Kategorie: Nichtmetall

Ordnungszahl: 6

Farbe: Farblos (Diamant), Schwarz (Grafit)

Schmelzpunkt: k. A. (Es wird zu Gas, bevor es schmilzt: ein Sublimationsvorgang)

Sublimationspunkt: 3642 °C (6588 °F)

Entdeckt: Circa 3750 v. Chr.

Alles Leben auf der Erde basiert auf Kohlenstoff. Tatsächlich wissen wir nicht sicher, ob Leben ohne Kohlenstoff überhaupt möglich wäre. Es handelt sich dabei um ein tetravalentes Atom, was bedeutet, dass es sich mit vier Atomen gleichzeitig verbinden und somit über 20 Millionen unterschiedliche Verbindungen eingehen kann. Auch kann es sich zu unterschiedlich langen Ketten verbinden.

Bis ins frühe 19. Jahrhundert kursierte die Vorstellung, lebendige Materie und chemische Stoffe wie Proteine oder Kohlenhydrate enthielten einen »Funken des Lebens«, durch den sie sich komplett von anorganischer Materie unterschieden. Doch dann, im Jahr 1828, konnten Harnstoffkristalle synthetisiert werden, die sich normalerweise in Tierurin finden lassen, sodass klar wurde, dass zwischen organischer und anorganischer Materie kein essentieller Unterschied bestand.

Der Kohlenstoffkreislauf lässt Pflanzen und Plankton durch Photosynthese Kohlenstoff aus Kohlenstoffdioxid gewinnen, wodurch als Nebenprodukt Sauerstoff entsteht. Gleichzeitig verbindet sich Wasserstoff mit Kohlenstoff zu Kohlenhydraten. Diese verbinden sich mit Stickstoff, Phosphor und anderen Elementen zu den Molekülen, die für alles Leben unentbehrlich sind, unter anderem Basen und Zucker für DNA und Aminosäuren. Andere Spezies, die nicht zur Photosynthese fähig sind, darunter auch der Mensch, müssen den für ihre Zellstrukturen benötigten Kohlenstoff über die Ernährung zu sich nehmen, indem sie andere Tiere oder Pflanzen essen. Der Kohlenstoff kehrt entweder durch die Ausatmung als Kohlenstoffdioxid zurück an den Anfang des Kreislaufs, oder durch die Verwesung lebendiger Materie, nachdem die Zellen abgestorben sind.

Kohlenstoff ist also extrem wichtig, selbst wenn man die vielen physikalischen Verwendungen einmal außen vorlässt, die wir für seine unterschiedlichen Formen haben. Eine der faszinierendsten Eigenschaften reinen

Kohlenstoffs sind die immensen Unterschiede zwischen seinen Allotropen. Er kommt in der Natur in drei Allotropen vor, die seit der Zeit der alten Ägypter vor sechzig Jahrhunderten bekannt sind: Diamant, Anthrazit (eine Kohlesorte) und Grafit. Sie unterscheiden sich ausschließlich in ihrer atomaren Struktur. Jedoch sind Diamanten durchsichtig und extrem hart, Grafit dagegen weich und schwarz: Wie kann es sich also um dieselbe Substanz handeln?

Die Antwort liegt in der Tatsache begründet, dass viele Feststoffe die Struktur eines »Kristallgitters« vorweisen – ihre Atome sind in sich wiederholenden dreidimensionalen Strukturen angeordnet, die danach definiert werden, wie die Verbindungen sie zusammenhalten. Die Atome von Diamanten sind in kompakten, dreidimensionalen Tetraedern angeordnet (Pyramiden mit vier dreieckigen Seiten). Bei Grafit hingegen sind die Atome zwar ebenso kompakt miteinander verbunden, allerdings zu zweidimensionalen Schichten, die nur schwach mit der darüber oder darunter liegenden Schicht verbunden sind, daher der Eindruck, es sei ein weicher Stoff. Aufgrund dieser atomaren Unterschiede sehen die beiden Allotrope von Kohlenstoff so unterschiedlich aus.

Diese Verbindung zwischen Diamanten und Kohlenstoff wurde Jahrtausende lang nicht verstanden. Ende des 17. Jahrhunderts stellten zwei Wissenschaftler aus Florenz (Giuseppe Averani und Cipriano Targioni) fest, dass es möglich war, einen Diamanten mithilfe einer großen Lupe zu zerstören, mit der man die Hitze der Sonnenstrahlen auf ihm bündelte. 1796 versetzte Smithson Tennant, ein englischer Chemiker, die Welt in Staunen, indem er bewies, dass ein Diamant lediglich eine andere Form des Kohlenstoffs war – indem er demonstrierte, dass das einzige Nebenprodukt, wenn man Diamant verbrannte, Kohlenstoffdioxid war.

Mit Wasserstoff geht Kohlenstoff starke Verbindungen in Ketten ein, sodass Kohlenhydrate entstehen, die der Erde als fossile Brennstoffe entnommen werden, jedoch auch die Basis von Plastik, Polymeren und vielen Fasern, Lösungsmitteln und Farben bilden. Die globale Erwärmung wird durch den zunehmenden Ausstoß von Kohlenstoffdioxid in die Atmosphäre bedingt, der bei der Verbrennung fossiler Brennstoffe entsteht, und dies wird so lange ein Problem bleiben, bis alternative und nachhaltige Energien in weitaus größerem Umfang als bisher erhältlich sind.

Auch in vielen Herstellungsprozessen ist Kohlenstoff unentbehrlich – Holz- oder Steinkohle wird benötigt, um Eisen in Stahl zu verwandeln. Grafit wird für Bleistifte verwendet (der Name »Blei«stift ist im Grunde irreführend), sowie in Kohlebürsten von Elektromotoren und Ofenauskleidungen. Diamant wird benötigt, um Gestein zu schneiden, ebenso wie bei Bohrarbeiten. Carbonfaser ist ein besonders stabiles, leichtes Material, das in Angeln, Tennisschläger, Flugzeugteile und Raketen verbaut wird.

In der letzten Zeit hat die Wissenschaft sogar aufregende neue Wege gefunden, um neue Allotrope aus Kohlenstoff herzustellen, die erstaunliche Eigenschaften haben:

Fullerene, die 1985 entdeckt wurden, bestehen aus hohlen, geschlossenen Molekülen aus Kohlenstoffatomen: Das Buckminster-Fulleren ist eine hohle, aus sechzig Kohlenstoffatomen geformte Kugel. Nanoröhren, die 1991 entdeckt wurden, sind extrem dünne Röhren mit einem Durchmesser von nur einem Nanometer (also 0,000001 mm), die aus aufgerollten Kohlenstoffatomebenen bestehen.

Das vielleicht erstaunlichste Allotrop ist Graphen, das von vielen als das Wundermaterial der Zukunft gefeiert wurde. Während Grafit in größerer Menge weich ist, sind die einzelnen darin enthaltenen Ebenen extrem stabil. Seit den 1960er-Jahren mutmaßten Wissenschaftler, es sei insofern durchaus möglich, ein Material aus Kohlenstoff zu gewinnen, das zweidimensional, extrem leicht und extrem widerstandsfähig und doch flexibel wäre. 2004 wurde dieses außergewöhnliche Material schließlich hergestellt, das Graphen genannt wurde – und das fortan für elektrische Schaltkreise, hocheffiziente Solarzellen, »intelligente Schuhe«, Leichtflugzeuge und sogar neurologische Implantate benutzt wurde, die als Gehirn-Computer-Interface dienen.

Die Geschichte des Kohlenstoffes geht also weiter, und je länger sie andauert, desto spannender wird es!

Stickstoff

Kategorie: Nichtmetall
Ordnungszahl: 7
Farbe: farblos
Schmelzpunkt: –210 °C (–346 °F)
Siedepunkt: –196 °C (–320 °F)
Entdeckt: 1772

Stickstoff ist ein Gas, aus dem die Erdatmosphäre zu etwa 78 % besteht, und das wir vielfältig nutzen, sei es für Airbags oder Sonnenspray oder das »Lachgas«, das in Krankenhäusern verwendet wird. Dabei wissen wir erst seit etwa 250 Jahren, dass es unabhängig von anderen Stoffen existiert.

Im 18. Jahrhundert waren die Wissenschaftler fasziniert von der Zusammensetzung der Luft, die wir atmen. Der schottische Chemiker Joseph Black konnte in den 1750er-Jahren Kohlenstoffdioxid isolieren. Er nannte es »fixe Luft«, da man es aus Kalkstein freilassen konnte, wenn man ihn mit Säure behandelte. Allerdings war es ebenso unter dem Namen »mephistische Luft« bekannt, was so viel wie »giftig« bedeutete, da Tiere darin erstickten. Wenn der Sauerstoff in einem geschlossenen Raum aufgebraucht ist, entsteht ein ähnlicher Effekt, doch in diesem Fall war der Stickstoff (neben den anderen nicht sauerstoffhaltigen Gasen der Atmosphäre wie Kohlenstoffdioxid) dafür verantwortlich.

Henry Cavendish untersuchte jene mephistische Luft, als er Stickstoff entdeckte, allerdings wird die Entdeckung offiziell einem von Blacks Studenten zugesprochen, Daniel Rutherford, der 1772 ähnliche Experimente durchführte und seine Ergebnisse veröffentlichte.

Cavendish, ein methodischer, leicht obsessiv veranlagter Mensch, führte zahlreiche Wiederholungen eines Experiments durch, in dem er die Luft in ihre Bestandteile zerlegte. Zunächst ließ er Luft über heiße Kohlen verlaufen, sodass der Sauerstoff zu Kohlenstoffdioxid verbrannte. Anschließend löste er das Kohlenstoffdioxid in einer Alkalilösung auf. So blieb ein eigenständiges Gas über, dessen Hauptbestandteil später Stickstoff genannt wurde, im englischen Sprachraum Nitrogen, da es sich zu Kaliumnitrat verbinden ließ (auch als Salpeter bekannt), einer wichtigen Zutat für frühe Formen des Schießpulvers.

Stickstoff spielte in der Geschichte der Sprengstoffentwicklung eine entscheidende Rolle. Nitroglycerin, eine Flüssigkeit, die bei Aufprall explodiert, wird gewonnen, indem Glycerin mit Salpetersäure reagiert. Der schwedische Chemiker und Erfinder Alfred Nobel erfand einen sehr viel sichereren Sprengstoff, als es ihm gelang, das Nitroglycerin von einem weichen Gestein namens »Kieselgur« (auch Diatomeenerde genannt) absorbieren zu lassen. Er ließ sich das Verfahren 1867 patentieren und nannte sein Produkt Dynamit.

Das explosive Temperament des Stickstoffs wird zur Herstellung von Natriumazid für Airbags genutzt. Die Verbindung aus Natrium und Stickstoff kann mit einem einzigen Funken entzündet werden, woraufhin es sich zu Stickstoffgas und Natriummetall zersetzt – der Stickstoff bläst den Airbag blitzschnell auf.

Stickstoff kann ebenfalls dazu dienen, Obst einzufrieren. In seiner flüssigen Form wird Stickstoff zum schockfrosten genutzt: Diverse Internet-Videos zeigen, wie eine mithilfe von Stickstoff schockgefrostete Banane unter einem Hammer in tausend Teile zerspringt. Stickstoff kann auch genutzt werden, um Obst zu konservieren: In einem nicht gekühlten, mit Stickstoff befüllten Behältnis wird das Obst vor den üblichen, zur Fäulnis führenden Reaktionen mit Sauerstoff geschützt und hält sich bis zu zwei Jahre lang.

Stickstoff sorgt ebenfalls dafür, dass manche Bierdosen überschäumen: Eine kleine Kugel mit einem winzigen Loch, die Stickstoff enthält, wird in der Dose gelassen, und im Dekompressionsvorgang wird dem Bier noch ein Schuss flüssiger Stickstoff hinzugefügt. Er dehnt sich aus, wenn die Dose versiegelt wird, sodass der Stickstoff in die Kugel gepresst wird. Öffnet man die Dose, kann der Druck entweichen, und das Gas sprudelt durch das Bier. Auch Cremes zum Aufsprühen auf die Haut funktionieren durch komprimierten Stickstoff: In diesem Fall absorbiert die Creme Distickstoffoxid (sogenanntes »Lachgas«) und wird anschließend in der Dose komprimiert. Wird die Kompression kurzzeitig unterbrochen, wird die Creme mit Druck aus der Dose gesprüht.

Grüne Pflanzen und Algen absorbieren Nitrate, die dabei helfen, DNA und die Aminosäuren zu formen, die für das Entstehen von Eiweißen wichtig sind. Stickstoff ist also ein wichtiges Element für all unsere lebenden Organismen. Tiere nehmen Stickstoff über ihre Nahrung zu sich, und am Ende wird der Stickstoff wieder in die Atmosphäre entlassen. Mikroben und Bakterien im Erdboden wandeln den Stickstoff anschließend wieder in Nitrate um (ein Prozess, der durch Zugabe von Düngemitteln angekurbelt werden kann, sie werden aus Ammoniak hergestellt, einer Verbindung von Stickstoff und Wasserstoff.)

Sauerstoff

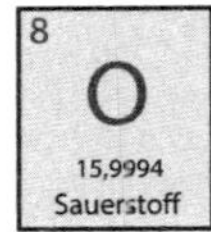

Kategorie: Nichtmetall
Ordnungszahl: 8
Farbe: farblos
Schmelzpunkt: –219 °C (–362 °F)
Siedepunkt: –183 °C (–297 °F)
Entdeckt: In den 1770ern

Gemeinsam mit Kohlenstoff ist Sauerstoff eine der wichtigsten Komponenten, um Leben auf der Erde zu ermöglichen. Wir atmen Sauerstoff ein, absorbieren ihn und atmen Kohlenstoffdioxid aus. Unser Gehirn, unsere DNA und unsere Zellen, ebenso wie beinahe jedes andere Molekül in unserem Körper, sind von Sauerstoff abhängig. Unser Körper besteht zu 60 % aus Sauerstoff, hauptsächlich in der Form von Wasser, oder H_2O.

Obwohl Sauerstoff das dritthäufigste Element im Universum ist, war es ein ziemlicher Zufall, dass ausgerechnet unser Planet mit einem solchen Sauerstoffüberfluss gesegnet ist. Noch bevor es größere Tiere überhaupt gab, bezogen Pflanzen und Cyanobakterien ihre Energie aus dem Sonnenlicht, sie absorbierten Wasserstoffdioxid und gaben Sauerstoff ab. Da Sauerstoff ein äußerst reaktionsfreudiges Element ist, reagierte dieser Sauerstoff mit einer Vielzahl anderer Elemente und bildete Verbindungen. Ist es nicht erstaunlich, dass 46 % der Gesteinsmasse unseres Planeten aus Sauerstoff bestehen? Sand ist ganz einfach Siliziumdioxid, und viele Metalle, die wir fördern, kommen aus Oxiden (Eisen beispielsweise stammt häufig aus Hämatit, Aluminium aus Bauxit), und auch Carbonate wie Kalkstein enthalten Sauerstoff.

Die Sauerstoffausscheidungen gelangten zusätzlich in die Atmosphäre, wo sie nach und nach einen Anteil von etwa 21 % erreichten, sodass Sauerstoff die Erde sozusagen terraformierte. Es war im Wasser gelöster Sauerstoff, der das Entstehen von Leben in den Ozeanen ermöglichte, und mit der Zeit auch an Land.

Im 15. Jahrhundert bemerkte Leonardo da Vinci, dass Kerzen ohne Luft nicht brennen konnten, und mutmaßte bereits, dass sie ein lebensspendendes Element enthielt. In den 1770er-Jahren entdeckten drei Chemiker unabhängig voneinander den Sauerstoff. 1774 konzentrierte Joseph Priestley Sauerstoff, indem er Sonnenlicht auf Quecksilberoxid bündelte, wobei er bemerkte, dass das daraus entstehende Gas eine Kerze heller als sonst brennen ließ (leider identifizierte er es, wie schon sein Kollege Henry Cavendish, fälschlicherweise als »dephlogistierte Luft«).

1777 veröffentlichte der schwedische Wissenschaftler Carl Wilhelm Scheele einen Bericht über seine Entdeckung des Sauerstoffs, mit dem er bereits 1771 experimentiert hatte. Auch Antoine Lavoisier identifizierte den Sauerstoff – und er erkannte, dass es sich um ein neues Element handelte, und nicht etwa um Luft, der man das Phlogiston entzogen hatte, auch wenn er ihm den Namen »Oxy-gène« gab, was so viel bedeutet wie »säurebildend«. Dies entsprang der fälschlichen Annahme, dass man dieses Gas in allen Säuren finden würde. Trotzdem blieb der Name im englischen und französischen Sprachraum hängen.

Relight My Fire

Einer der Klassiker unter den chemischen Experimenten ist ein Test mit reinem Sauerstoff. Zunächst befüllt man einen Kolben mit reinem Sauerstoff (oder Luft mit erhöhter Sauerstoffkonzentration). Anschließend entzündet man einen Holzspan, dessen Flamme man sogleich durch ein wenig Schütteln wieder zum Erlöschen bringt – er wird noch glimmen und leicht orange aufflackern, wenn man pustet, wieder entzünden wird er sich nicht. Wenn man ihn jedoch für einen Augenblick in den reinen Sauerstoff hält, wird er sich sofort wieder entzünden, was nur zu deutlich zeigt, wie reaktiv Sauerstoff ist, und wie leicht er Flammen entfacht.

Eine weniger angenehme Eigenschaft des Sauerstoffes ist, dass er so reaktionsfreudig ist und daher viele Mikroorganismen fördert, dass er Zerfallsprozesse beschleunigt, unter anderem bei faulenden Lebensmitteln. Seit vielen Jahren denken sich Wissenschaftler immer ausgefallenere Wege aus, wie man ihn von Lebensmitteln fernhalten kann – Obst kann in Stickstoff, Dosen und Vakuumverpackungen gelagert oder vergraben werden, man kann Nahrungsmittel einfrieren, trocknen, pökeln oder einmachen, damit der Sauerstoff sich nicht daran zu schaffen machen kann.

In höher gelegenen Gebieten sinkt die Konzentration des Sauerstoffs in der Atmosphäre, weshalb es uns dort schwerer fällt zu atmen. Auch darf man nicht vergessen, dass Sauerstoff nicht nur in den Sauerstoffmolekülen vorkommt, die wir einatmen (molekularer Sauerstoff besteht aus zwei miteinander verbundenen Sauerstoffatomen), sondern auch als Trioxygen, besser bekannt als Ozon oder O_3, das aus drei Atomen besteht. In der Atmosphäre werden Sauerstoffpartikel beständig mit UV-Strahlen bombardiert, sodass sie sich in einzelne Atome aufspalten – diese verbinden sich mit dem molekularen Sauerstoff und bilden Ozonmoleküle, die wiederum vom UV getroffen werden und sich wieder aufspalten. Dieser fortwährende Prozess ist ein entscheidender Schutz vor den tödlichen UV-Strahlen der Sonne.

Wer sich so glücklich schätzen kann, die Aurora oder das Nord- oder Südlicht zu beobachten, der sieht die wunderschönen Farbschleier, die entstehen, wenn die Sonnenwinde mit den Sauerstoffmolekülen hoch oben in der Atmosphäre kollidieren.

Fluor

Kategorie: Halogen
Ordnungszahl: 9
Farbe: blassgelb
Schmelzpunkt: –220 °C (–363 °F)
Siedepunkt: –188 °C (–307 °F)
Zum ersten Mal isoliert: 1886

Fluor gehört zur 17. Gruppe des Periodensystems, den Halogenen, zu denen auch Chlor, Brom, Jod und Astat zählen. Halogen bedeutet »Salzbildner« – der Grund dafür ist, dass Halogene mit Metallen zu einer Vielzahl von Salzen reagieren, darunter Calciumfluorid, Natriumchlorid (Kochsalz), und Silberbromid. Sie alle haben eine hohe Reaktivität gemeinsam, und dass sie potenziell tödlich sind. In seiner reinen Form ist Fluor besonders gefährlich – atmet man Luft mit einer Fluor-Konzentration von gerade einmal 0,1 % ein, so stirbt man binnen weniger Minuten. Richtet man einen Strahl des Gases auf einen Feststoff, beispielsweise auf einen Ziegelstein oder Glas, geht er sogleich in Flammen auf.

Es gibt allerdings auch weitaus ungefährlichere Fluorverbindungen. Das Mineral Flussspat (Calciumfluorid) wurde bereits ab den 1520er-Jahren als Fließmittel in Schmelzöfen verwendet – die Art, wie es unter Hitzezufuhr schmolz und floss erleichterte die Arbeit mit Metallen. Alchemisten wussten zu der Zeit bereits, dass Fluorspar und Fluoride im Allgemeinen eine unbekannte Substanz enthielten, sie schafften es allerdings nicht, sie zu isolieren. (Selbst wenn es jemandem gelungen sein sollte, stehen die Chancen gut, dass er dabei gestorben ist und nicht mehr von seiner Entdeckung berichten konnte!)

1860 stand der englische Chemiker George Gore kurz davor, das Gas zu isolieren: Er leitete Strom durch Fluorwasserstoffsäure und stellte dabei eventuell eine gewisse Menge Fluor her – nur konnte er es nicht beweisen. Erst 1886 gelang es dem französischen Chemiker Henri Moissan mithilfe der Elektrolyse, Fluor zu isolieren (ohne dabei zu sterben!), eine Leistung, die ihm am Ende den Nobelpreis einbrachte.

Fluor begegnet uns regelmäßig in der stabilen Form der Fluoride – es sind für den Menschen lebenswichtige Substanzen, die vielerorts dem Trinkwasser zugefügt werden, nachdem Forschungen gezeigt haben, dass Menschen in Gebieten mit natürlichen Fluorvorkommen im Wasser bessere Zähne haben. Diese Praxis ist umstritten, doch Fluorid findet sich auch in Zahnpasta – auf den Zähnen bildet es winzige Kristalle, die sie für Säuren weniger angreifbar machen und somit Karies vorbeugen.

Eine weitere wohlbekannte Verbindung ist Polytetrafluoräthylen. Dies ist die etwas einschüchternd anmutende Bezeichnung für eine Substanz, die besser unter dem Namen Teflon bekannt ist. Teflon wurde 1938 von Roy Plunkett in den DuPont-Laboren entdeckt, wo er neue Kältemittel (kühlende Gase) untersuchte. Nachdem er das Gas Polytetrafluoräthylen in Zylindern aufbewahrt hatte, entdeckte er, dass es als Rückstand ein weißes Puder hinterließ.

Die Substanz entpuppte sich als ein Plastik, das hitzebeständig, aus chemischer Sicht träge und bei niedrigen Temperaturen außergewöhnlich biegsam war – eine Eigenschaft, die dazu führte, dass es in der Weltraumforschung eingesetzt wurde, während die Tatsache, dass einfach nichts daran haften blieb, zu seinem weitverbreiteten Einsatz in Pfannen und Töpfen führte. Teflon wird ebenso für »atmungsaktive Kleidung« verwendet, da es wasserabweisend ist, jedoch durchlässig für Kondenswasser – ideal für Sportliebhaber oder Menschen, die unter freiem Himmel arbeiten.

Neon

Kategorie: Edelgas
Ordnungszahl: 10
Farbe: farblos
Schmelzpunkt: –249 °C (–415 °F)
Siedepunkt: –246 °C (–411 °F)
Entdeckt: 1898

Neon ist ein großartiges Beispiel dafür, dass Mendelejews Periodensystem andere Chemiker dazu gebracht hat, nach Elementen zu suchen, die ihnen andernfalls vielleicht entgangen wären. Sir William Ramsay hatte bereits andere Elemente der Edelgasgruppe entdeckt (sie werden aufgrund ihrer mangelnden Reaktivität auch Inertgase genannt), darunter Helium, Argon und Krypton (siehe S. 19, 67 und 106), doch laut Periodensystem sollte an der vertikalen Stelle zwischen Helium und Argon noch ein weiteres Element liegen.

Das Neon-Spektrum

Neon erzeugt nur den einen strahlenden Rotton. Warum bezeichnen wir also grelle Beleuchtung unterschiedlicher Farben als Neonlicht? Die Antwort ist, dass Neon zwar zuerst da war, seinen Namen jedoch einer bestimmten Art von Licht gegeben hat – die anderen Farben werden von anderen Gasen erzeugt, oder von getöntem Glas, oder fluoreszierendem Puder, das in die Röhren eingeschmolzen wird. Helium und Natrium beispielsweise erzeugen orangefarbenes Licht, Argon einen Lavendelton, Krypton ein blau-weißes oder gelblich-grünes Licht, und für richtiges Blau kann man Xenon oder Quecksilberdampf verwenden.

Gemeinsam mit seinem Kollegen Morris Travers suchte Ramsay am University College in London weiter nach dem fehlenden Element. Argon hatten sie zuvor bereits isoliert, sodass sie nun ein Stück festes Argon nahmen und es mit flüssiger Luft umgaben – das Argon verdampfte langsam aufgrund des niedrigen Luftdrucks, sodass sie das erste Gas, das verdampfte, einfangen konnten. Als sie es im Atomspektrometer testeten, erzeugte das erhitzte Gas ein außergewöhnliches Leuchten. Travers schrieb: » … das strahlende Purpurrot in der Röhre erzählte seine ganz eigene Geschichte, ein fesselnder Anblick, den man nie vergisst.« (Eine einfachere Methode der fraktionierten Destillation wird mittlerweile angewandt, um Neon aus der Luft zu gewinnen.)

Ramsays dreizehnjähriger Sohn schlug vor, das neue Gas »Novum« zu nennen, nach dem lateinischen Wort für »neu«. Ramsay griff die Idee auf, indem er es stattdessen nach demselben Wort im Griechischen nannte: »Neon«. Zwar handelte es sich um eine bemerkenswerte Entdeckung, doch Neon war zunächst ein recht langweiliges Element, da es das am wenigsten reaktive von allen war: Tatsächlich reagiert es mit überhaupt keinem anderen Element.

Das strahlend rote Licht entfachte jedoch die Fantasie des französischen Chemikers und Erfinders Georges Claude, der eine völlig neue Lampe erfand, indem er eine elektrische Entladung durch eine mit Neon gefüllte Röhre laufen ließ. Seine Neonlampen wurden zunächst 1910 bei einer Ausstellung in Paris als Kuriosität präsentiert. Es sollte noch zehn Jahre dauern, bis er seine Lampen gewinnbringend an den Mann bringen konnte (denn die Menschen wollten ganz einfach kein rotes Licht in ihren Wohnungen oder Straßen haben). Als es Claude schließlich gelang, die Röhren zu biegen, sodass er leuchtende Buchstaben herstellen konnte, wurde seine Claude Neon Company zum Erfolg, besonders in Amerika. Die ersten

Neon-Schilder wurden an ein Autohaus in Los Angeles verkauft, wo die Passanten stehen blieben, um diese erstaunliche neue Werbetechnik ausgiebig zu beäugen.

Natrium

Kategorie: Alkalimetall
Ordnungszahl: 11
Farbe: silbrig weiß

Schmelzpunkt: 98 °C (208 °F)
Siedepunkt: 883 °C (1621 °F)
Entdeckt: 1807

Mindestens zwei wichtige Natriumverbindungen wurden bereits von frühesten Zivilisationen genutzt: Die alten Ägypter gewannen Natriumcarbonat (oder »Natron«) aus ausgetrockneten Flussbetten nahe dem Nil – die Kristalle, die als Waschmittel genutzt wurden, werden ebenfalls in der Bibel erwähnt. Und Salz (oder Natriumchlorid), das aus Salzstollen (oder unterirdischen Vorkommen) gewonnen wird, ist von jeher ein wichtiger Teil unserer Ernährung, sei es als Gewürzzusatz zum Essen oder als Teil einer auf dem Verzehr von Tieren beruhenden Ernährungsweise.

Wir speichern in etwa 100 g Natrium in unserem Körper – es ist ein Elektrolyt, wie Kalium und Calcium, und ist insofern von zentraler Bedeutung für die Regelung des Transports in die Zellen und aus den Zellen. Es hilft den

Zellen, Nervensignale zu übertragen, und reguliert den Wasseranteil unseres Körpers. Zu viel Natrium kann unseren Blutdruck in gefährliche Höhen schnellen lassen, was auch der Grund ist, dass Patienten mit erhöhtem Blutdruck ihren Salzkonsum einschränken sollten.

Im Laufe der Geschichte haben Salzsteuern immer wieder zu Aufständen geführt – beispielsweise waren sie eine der Ursachen für den Ausbruch der Französischen Revolution. Als das Britische Empire eine Salzsteuer in Indien einführen wollte, wo sich Großteile der Bevölkerung vegetarisch ernähren, wurde Mahatma Gandhis Salzmarsch zu einem Schlüsselmoment der indischen Unabhängigkeitsbewegung.

Chemiker in der Küche

Salz und Natron begleiten uns bereits seit Jahrtausenden, und Natronlauge wurde zum ersten Mal von Seifenmachern des 13. Jahrhunderts hergestellt, doch Backnatron (oder Natriumbicarbonat) ist eine recht neue Erfindung. Es wurde 1843 von Alfred Birch »ausgekocht«, einem englischen Chemiker, der seiner Frau helfen wollte: Sie hatte eine Hefe-Allergie. Natron entlässt mithilfe einer Säure-Basen-Reaktion Kohlenstoffdioxid-Bläschen in den Teig und lässt ihn aufgehen.

Obwohl Natrium das sechsthäufigste Element auf der Erde ist und seine Verbindungen von der Menschheit intensiv genutzt wurden, verstand man seine wahre Natur erst ab dem 19. Jahrhundert. Es ist extrem reaktionsfreudig, sodass es in der Natur in reiner Form nicht vorkommt (sobald es mit Luft in Kontakt kommt, wird es stumpf, sodass es nur in bestimmten Ölen konserviert werden kann). Das erste reine Natrium wurde von Sir Humphry Davy an Londons Royal Institution extrahiert – er ließ Strom durch Natronlauge fließen (Natriumhydroxid) und produzierte so kleine Kügelchen des Metalls. (Heutzutage wird es für gewöhnlich durch Elektrolyse von trockenem, geschmolzenem Natriumchlorid gewonnen.)

Natrium wird vielseitig eingesetzt, zum Beispiel in Atomkraftwerken zur Kühlung des Reaktors, um winterliche Straßen zu enteisen (mithilfe von Salz), um Rohre zu reinigen (in Form von Natronlauge) oder als Reaktionsmittel in der biochemischen Industrie (also als ein Stoff, der chemische Reaktionen auslöst).

Fast jeder Chemiker weiß allerdings, dass man den meisten Spaß mit Natrium hat, wenn man ein Stückchen davon in Wasser wirft und sich aus sicherer Distanz die Reaktion ansieht: Es fängt an zu brennen, bevor es explodiert – am schlauesten ist es wohl, sich diese Reaktion als Video im Internet anzuschauen, statt es zu Hause selbst auszuprobieren!

Magnesium

Kategorie: Erdalkalimetall

Ordnungszahl: 12

Farbe: silbrig weiß

Schmelzpunkt: 650 °C (1202 °F)

Siedepunkt: 1090 °C (1994 °F)

Entdeckt: 1755

Magnesium ist das leichteste derjenigen Metalle, die wir leicht und sicher verwenden können – Lithium und Natrium sind beide hochreaktiv, Beryllium hingegen ist so giftig, dass man nur unter Einhaltung extremer Vorsichtsmaßnamen damit arbeiten kann. Magnesium brennt sehr hell, wenn es an der Luft entzündet wird – im Schulunterricht wird häufig ein Stück Magnesiumband verbrannt, um dies zu demonstrieren.

Magnesium ist ein weiteres Element, das für lebendige Organismen von zentraler Bedeutung ist, da es als ein Teil von Chlorophyll, dem grünen Pflanzenpigment, eine besonders wichtige Rolle im Photosynthesevorgang spielt. Ein Magnesiummangel bei Pflanzen zeigt sich dadurch, dass die Blätter gelblich braun werden oder unerwartet rote Flecken bekommen – hier kann ein Spray für die Blätter Abhilfe schaffen, oder man fügt beim Gießen Calcium-Magnesiumcarbonat hinzu.

Wir nehmen Magnesium auf, indem wir andere Tiere oder Pflanzen essen, ganz besonders Kleie, Schokolade, Paranüsse, Sojabohnen und Mandeln. Es reguliert wichtige Körperfunktionen, darunter Nerven- und Muskelfunktionen, die Blutzuckerregulierung, sowie die Proteinsynthese im Körper. Einige Magen-Darm-Erkrankungen führen zu Magnesiummangel, was wiederum zu Lethargie, Depressionen und noch schlimmeren Symptomen führen kann. Möglicherweise spielt ein Mangel ebenfalls eine Rolle beim chronischen Müdigkeitssyndrom (Encephalomyelitis Myalgica).

Medizinisches Magnesium

Epsom-Salze, mit denen bereits seit dem 17. Jahrhundert Verstopfungen behandelt werden, wurden von einem Bauern entdeckt, der sich wunderte, dass seine Kühe (im englischen Epson) während einer Dürre eine bestimmte Wasserpfütze mieden. Es stellte sich heraus, dass das Wasser bitter schmeckende Magnesiumsulfat-Kristalle enthielt, deren Entdeckung schließlich zum Arzneimittel führte. Auch kennt der eine oder andere Leser vielleicht Milk of Magnesia (oder Magnesiumhydroxid), ein Mittel gegen Sodbrennen, das abführend wirkt.

1755 stellte Joseph Black aus Edinburgh fest, dass es sich bei Magnesium um ein Element handeln musste, nachdem er Magnesia (Magnesiumoxid) und Kalk (Calciumoxid) ausgiebig miteinander verglichen hatte, das er zuvor aus

Carbonatgestein extrahiert hatte – je aus Magnesit und Kalkstein. Humphry Davy isolierte 1808 eine winzige Menge reinen Magnesiums durch eine Elektrolyse von Magnesiumoxid.

Geschichtlich betrachtet wurde Magnesium dazu verwendet, Meerschaumpfeifen herzustellen (durch Magnesiumsilikat), und seine grellen Flammen kamen in frühen Glühbirnen zum Einsatz, ebenso wie in den schrecklichen Magnesiumbomben des Zweiten Weltkriegs, die zu riesigen Großbränden und Feuerstürmen führen konnten. In seiner festen Form lässt sich Magnesium nicht leicht entzünden, sodass eine Reaktion mit Thermit nötig war, um diese Bomben explodieren zu lassen. Glücklicherweise gibt es auch erfreulichere Verwendungsmöglichkeiten. Das Metall kann problemlos und sicher verwendet werden, meist in Legierungen, zusammen mit Aluminium oder anderen Leichtmetallen, sodass das Gewicht der Metallteile in Autos oder Flugzeugen reduziert werden kann. Außerdem wird es in der Herstellung besonders leichter Handys und Laptops verwendet.

Aluminium

Kategorie: Metall
Ordnungszahl: 13
Farbe: silbrig grau
Schmelzpunkt: 660 °C (1220 °F)
Siedepunkt: 2519 °C (4566 °F)
Entdeckt: Drittes Jahrhundert oder 1827

Aluminium ist ein ungemein nützliches Element, dessen Gebrauch von Dosen, Alu-Folie, Küchenutensilien und anderen Haushaltsgegenständen bis hin zu Flugzeugen, Autos und Elektroleitungen reicht. Es ist ein weiches und biegsames Leichtmetall, das ungiftig und nicht magnetisch, jedoch elektrisch leitfähig ist. Während Eisen rostet, wenn es oxidiert, bildet Aluminium eine extrem dünne, aber resistente Aluminiumoxidhülle, die das Metall nur noch stärker macht. In der Erdkruste ist es (wenn man nach der Masse geht) das am reichlichsten vorhandene Metall, sodass es vielfach genutzt wird, sowohl in Reinform als auch in diversen Legierungen, beispielsweise mit Magnesium, Silizium, Mangan und Kupfer. Diese Legierungen werden häufig für Flugzeuge, Fahrräder und Autos gebraucht, die nicht viel wiegen dürfen.

Es ist möglich, dass Aluminium bereits im dritten Jahrhundert veredelt wurde, und im Grab des chinesischen Armeeführers Chou Chu (250–231 n. Chr.) wurde eine Metallschnalle gefunden, die zu 85 % aus Aluminium bestand. Sollten die Chinesen tatsächlich bereits zu jener Zeit über eine Methode zur Veredelung dieses Metalls verfügt haben, muss sie jedoch für Jahrhunderte verloren gegangen sein. Chemiker des 18. Jahrhunderts hatten herausgefunden, dass Aluminiumoxid ein Metall enthalten muss, doch erst 1827 perfektionierte der deutsche Chemiker Friedrich Wöhler eine Methode, die zuvor von seinem dänischen Kollegen Hans Christian Ørsted versucht worden war: Aluminiumchlorid wurde mit Kalium erhitzt, sodass am Ende reines Aluminium herauskam.

Der Hall-Héroult Prozess

Unabhängig voneinander entdeckten zwei junge Chemiker eine günstige Produktionsmethode für Aluminium, der 22-jährige Amerikaner Charles Martin Hall, der seine gewieften Experimente gemeinsam mit seiner Schwester in einem Holzschuppen durchführte, und, auf der anderen Seite des Atlantiks, der gleichaltrige Franzose Paul-Louis-Toussaint Héroult. Die Methode, die nach beiden benannt wurde, bestand darin, Aluminiumoxid in einem Tank mit geschmolzenem Natriumhexafluoroaluminat (besser bekannt als »Kryolith«) aufzulösen, und anschließend das Aluminium vom Sauerstoff zu trennen, indem Strom hindurch geleitet wurde. Diese Methode wird noch heute zur industriellen Aluminiumgewinnung angewendet.

Humphry Davy, der zwanzig Jahre später kurz davor war, das Metall zu raffinieren, nannte es »Aluminum« (mit nur einem »i«), nach einer seiner Verbindungen, dem Bittersalz Alaun. Dies führte zu einem sprachlichen Zwist zwischen Amerikanern und Engländern: Im Laufe der Jahre entschied die International Union of Pure and Applied Chemistry (kurz IUPAC), dass das Metall die Endung »-ium« tragen sollte, doch die American Chemical Society beschloss, zu Davys Schreibweise zurückzukehren, und nun behaupten beide Lager, die Aussprache und Schreibweise der anderen sei »falsch«.

Mittlerweile lässt sich Aluminium relativ günstig herstellen, doch vor diesen modernen Produktionsmethoden wurde es als Luxusmetall angesehen – angeblich wurde in den 1860er-Jahren am französischen Hof Napoleons III. Königen und Königinnen beim Gastmahl das Essen auf Aluminiumtellern serviert, während dem niedrigeren Adel lediglich Goldteller vorgesetzt wurden.

Silizium

Kategorie: Halbmetall
Ordnungszahl: 14
Farbe: Metallisch, leicht bläulich

Schmelzpunkt: 1414 °C (2577 °F)
Siedepunkt: 3265 °C (5909 °F)
Entdeckt: 1824

Wer bei dem Wort Silizium zunächst an die winzigen Computerchips denkt, wird vielleicht überrascht sein, dass die Erdkruste zu 28 % aus diesem Element besteht (was es zum zweithäufigsten Element nach Sauerstoff darin macht). In der Natur kommt es nur in Verbindungen vor, sodass uns seine diversen Oxide vertrauter sind – darunter Feuerstein, Sand, Bergkristall, Quarz, Achat, Amethyst und Opal –, ebenso die Silikate, zu denen Granit, Asbest, Feldspat, Glimmer und Ton zählen. Das Silizium in diesen Verbindungen entstand ursprünglich durch eine Kernfusion in sterbenden Sternen, bevor es bei der Explosion der Supernova ausgestoßen wurde.

All diese Verbindungen wurden im Laufe der Menschheitsgeschichte ausführlich genutzt. Einige der ersten menschengemachten Waffen waren aus Feuerstein. Granit und andere Steine, die verbaut werden, bestehen aus komplexen Silikaten. Sand (Siliziumdioxid) und Ton (Aluminiumsilikat) sind entscheidende Zutaten für Beton, Zement, Keramik und Email. Opale, Quarz und Amethyst wurden bereits von antiken Kulturen geschätzt. Mancherorts gibt es natürliche Glasvorkommen in Form von Obsidian. Bereits im zweiten Jahrhundert vor Christus hatten die Menschen gelernt, es herzustellen, nachdem sie beobachtet hatten, dass sich kleine Glastropfen als Nebenprodukt der Metallverarbeitung formten, wenn der Sand schmolz und in neuer Form fest wurde. Und Asbest, eine Gruppe natürlicher Silikate, wird seit Jahrtausenden aufgrund seiner feuerfesten Eigenschaften gebraucht (wenn auch zunehmend zögerlicher, da es krebserregend ist.)

Vielleicht ist es der schieren Vielfalt geschuldet, in der Silizium vorkommt, dass die Chemiker es bis zum 19. Jahrhundert weitgehend ignorierten. 1824 extrahierte der schwedische Chemiker Jöns Jacob Berzelius das erste relativ reine Siliziumpuder aus Kaliumfluorsilikat, doch erst 1854 gelang es dem Franzosen Henri Deville, kristallines Silizium herzustellen.

Seither findet Silizium immer neue Anwendungsformen – beispielsweise wird es als Legierung mit Aluminium und Eisen für Trafobleche, Motorblöcke und Maschinenwerkzeuge genutzt. Mischt man es mit Kohlenstoff, so entsteht Siliziumkarbid, ein starkes Schleifmittel. Mit Sauerstoff bildet es den Polymer, der Silikon genannt wird, einen gummiartigen Stoff, mit dem man beispielsweise die Fugen im Badezimmer versiegeln kann – darüber hinaus findet er etwas kontroverseren Einsatz in Brustimplantaten.

Der Name Silicon Valley, der für das Herzstück der digitalen Welt steht, macht deutlich, wie wichtig Siliziumchips heutzutage sind. Diese Technik stützt sich darauf, dass Silizium ein sogenannter »Halbleiter« ist, soll heißen, dass es unter gewissen Umständen Strom leitet, unter anderen nicht. Das Material, das in den Chips verwendet wird, ist sogenanntes »dotiertes« Silizium (das bedeutet, dass man es leicht mit anderen Elementen versetzt hat, damit es wie ein Miniatur-Transistor funktioniert).

Science-Fiction-Autoren (und manche Wissenschaftler) haben argumentiert, es könne außerirdisches Leben geben, das auf Silizium basiert, statt auf Kohlenstoff – beide Elemente sind Nachbarn im Periodensystem und Siliziumatome können, genau wie Kohlenstoffatome, Verbindungen mit bis zu vier anderen Atomen gleichzeitig eingehen. Siliziumbasiertes Leben würde allerdings einen sehr anderen Planeten erfordern, mit extrem tiefen Temperaturen und jeder Menge Ammoniak.

Wie dem auch sei, Silizium spielt hier auf der Erde jedenfalls in einigen Lebensformen eine hochinteressante Rolle – bisher wissen wir noch nicht, welche Rolle Phytolithe spielen (dabei handelt es sich um winzige Siliziumdioxid-Kristalle, die sich in Pflanzen bilden), aber sie zersetzen sich nicht, sodass man sie in Fossilien finden kann, was sie extrem nützlich für die Wissenschaft macht. Wenn man von einer Brennnessel gestochen wird, ist das die Schuld der winzigen Kieselsäurescherben auf ihrer Oberfläche (die Sauerstoffsäuren des Siliziums werden als Kieselerde bezeichnet). Man findet komplexe Siliziumstrukturen in einer der kleinsten Photosynthese betreibenden Spezies, den Diatomeen, oder Kieselalgen – Winzige Algen, die jedoch riesige Mengen an Sauerstoff für unseren Planeten produzieren.

Insofern, wer weiß: Vielleicht ist auf Silizium basierendes außerirdisches Leben doch nicht so weit hergeholt, wie es klingt!

Phosphor

Kategorie: Nichtmetall
Ordnungszahl: 15
Farbe: weiß, rot, violett oder schwarz
Schmelzpunkt (weiß): 44 °C (111 °F)
Sublimationspunkt (rot): 416–590 °C (781–1094 °F)
Siedepunkt (weiß): 280 °C (537 °F)
Entdeckt: 1669

Phosphor war das dreizehnte Element, das entdeckt wurde. Manchmal wurde es aufgrund des Aberglaubens rund um die Zahl dreizehn daher auch als »Element des Teufels« bezeichnet, vermutlich auch, da Phosphor einige unschöne Eigenschaften hat. Entdeckt hat es 1669 der deutsche Alchemist Hennig Brand: Auf der Suche nach dem »Stein der Weisen« ließ er einen riesigen Bottich voller Urin verdampfen, den er zuvor tagelang hatte »reifen« lassen (und der vermutlich einen bestialischen Gestank von sich gegeben hat). Als er das Kondensat erneut erhitzte, gab es leuchtenden Phosphordampf ab, den er wiederum kondensierte. Hundert Jahre später war es Antoine Lavoisier, der das neue Element erkannte und Phosphor nannte, was im Altgriechischen so viel heißt wie »lichttragend«. Eine einfachere Herstellungsmethode bestand darin, Tierknochen in Schwefelsäure aufzulösen, sodass Phosphorsäure entstand, die anschließend mit Holzkohle erhitzt wurde, um weißen Phosphor herzustellen.

Volksfeind

Antoine Lavoisier gehörte zum französischen Establishment, er arbeitete für die Zoll- und Steuerbehörde, die *Ferme générale*. Durch seine politischen Verbindungen konnte er seine brillante Forschung finanzieren, doch gleichzeitig führten sie zu seinem Untergang: Nach der Französischen Revolution wurde er 1794 wegen Steuerhinterziehung angeklagt und landete in der Zeit der Terrorherrschaft unter der Guillotine.

Die verschiedenen Allotrope und Formen von Phosphor haben unterschiedliche Farben – am häufigsten kommen weißer und roter Phosphor vor. Weißer Phosphor ist giftig, in der Luft hochentzündlich, leuchtet im Dunkeln und kann bei Hautkontakt schlimme Verbrennungen hervorrufen. Roter Phosphor ist ein weitaus weniger gefährlicher Typus, den man beispielsweise in dem Brennstreifen an Streichholzschachteln findet. Auch weißer Phosphor wurde zur Streichholzherstellung verwendet, in England beispielsweise ab 1827 in den Fabriken in Stockton-on-Tees. Unglücklicherweise erkrankten viele der Arbeiterinnen an einer schlimmen Krankheit, die ihre Kieferknochen zersetzte (man nannte sie »Phossy Jaw«), sodass diese Verwendung Anfang des 20. Jahrhunderts nicht nur in England verboten wurde.

Phosphor wurde in einigen tödlichen Waffen eingesetzt, in Leuchtspurgeschossen, Nebelkerzen und den

Phosphorbomben, die 1943 in Hamburg schreckliche Feuerstürme entfachten. Es findet sich auch in Nervengasen wie Sarin, das in den 1980er-Jahren viele Menschen im Ersten Golfkrieg verletzte oder tötete. Bei einem Anschlag auf die U-Bahn in Tokyo 1995 kamen zwölf Menschen ums Leben, viele weitere wurden verletzt.

Glücklicherweise kommt Phosphor in der Natur nicht vor – nur Phosphate, die in vielerlei Hinsicht lebenswichtig sind und sich in DNA, Zahnschmelz und Knochen finden lassen: Wir nehmen sie durch Nahrungsmittel wie Thunfisch, Eier und Käse zu uns. Phosphate werden ebenso als Düngemittel eingesetzt, und haben es der Menschheit in den letzten Jahrhunderten ermöglicht, die landwirtschaftlichen Erträge um ein Vielfaches zu steigern.

Doch im Phosphor-Zyklus steuert die Menschheit auf ernstzunehmende Probleme zu. Auf der einen Seite werden zu viele Phosphate für Dünger und Reinigungsmittel eingesetzt, die Flüsse und Seen verschmutzen, dadurch bilden sich immer mehr Algen, die Wasserorganismen schaden, die auf Photosynthese angewiesen sind, wodurch wiederum andere Spezies leiden, die den dadurch entstehenden Sauerstoff im Wasser benötigen. Andererseits ist es gut möglich, dass in einigen Jahrhunderten sämtliche Phosphatquellen versiegt sein werden. Früher zählten Vogelmist, Dung und menschlicher Exkremente zu den Phosphatquellen, doch heutzutage ist die einzig wirtschaftliche Quelle eine begrenzte Anzahl an Phosphoritvorkommen.

Während wir also zu viel Phosphor in die Umwelt abgeben (und zwar in Formen, die sich nicht so einfach als nützliche Phosphate wiedergewinnen lassen), haben wir die Phosphate in zunehmenden Mengen verbraucht, auf die sich das derzeitige Level der Nahrungsmittelproduktion stützt. Viele Wissenschaftler schätzen dies als eines der gravierendsten Umweltprobleme der kommenden einhundert Jahre ein, auch wenn die meisten Menschen dies vermutlich noch nicht auf dem Schirm haben.

Schwefel

Kategorie: Nichtmetall
Ordnungszahl: 16
Farbe: gelb
Schmelzpunkt: 115 °C (239 °F)
Siedepunkt: 445 °C (833 °F)
Entdeckt: Frühgeschichte

Schwefel, ein weiteres Element, das mit dem Teufel in Verbindung gebracht wird, wird fünfzehnmal in der Bibel erwähnt und für die Zerstörung von Sodom und Gomorrha verantwortlich gemacht, auch wenn dieser schlechte Ruf eher auf den Gestank einiger Schwefelverbindung zurückzuführen ist, als dass Schwefel etwas essentiell Teuflisches an sich hätte. Das Element lässt sich in der Natur finden, wo es in Vulkanregionen häufig in Form von gelben Kristallen vorkommt, die dem Gestein anhaften. Früher wurde es genutzt, um Stoff zu bleichen oder Wein zu konservieren, indem Schwefel verbrannt wurde, um Schwefeldioxid zu erzeugen, das dann durch den Stoff oder den Traubensaft geleitet wurde. Wenn heutzutage nicht-raffinierte fossile Brennstoffe genutzt werden, kann das dadurch in die Atmosphäre gelangende Schwefeldioxid zu saurem Regen führen, oder zu smoggeplagten Städten.

Schwefel sei Dank?

Auch wenn die Details noch heiß diskutiert werden, glauben manche Wissenschaftler, Schwefel könne eine wichtige Rolle dabei spielen, die Erderwärmung abzuschwächen. Die Verbindung Dimethylsulfid wird in den Ozeanen der Erde indirekt von Plankton hergestellt – wo es schließlich zu Schwefeloxid oxidiert, sodass Schwefelsäurepartikel in die Atmosphäre gelangen, die Wolkenbildung unterstützen. Höhere Temperaturen könnten also einen natürlichen Rückkopplungsprozess auslösen, der zu einer Abkühlung führt.

Alchemisten waren der Ansicht, alle Metalle enthielten Schwefel, Quecksilber und Salz, sodass sie viele herrlich verrückte Experimente damit durchführten. Der grässliche Geruch entsteht, wenn Schwefel in Form von Schwefelwasserstoff vorkommt, oder auch allen anderen Schwefelverbindungen (Merkaptane genannt) – wenn ein Ei schlecht wird, verfault Globulin (ein Protein, an dem Eier reich sind), so entsteht Schwefelwasserstoff, ebenso wie der typische ekelhafte Gestank, den er mit sich bringt. Stinktiere verteidigen sich, indem sie »Butyl Selenomerkaptan« versprühen, während geringe Mengen milderer Merkaptane zu ansonsten geruchslosen Gasen hinzugefügt werden, damit diese unangenehm riechen (und im Falle des Austretens bemerkt werden).

Tatsächlich hat Schwefel viele positive Auswirkungen – seine Verbindungen werden genutzt, um Gummi zu vulkanisieren, Papier zu bleichen, Phosphate für Dünger herzustellen, ebenso wie zur Konservierung und für Waschmittel. Calciumsulfat ist ein zentraler Bestandteil von Zement und Mörtel. Schwefelsäure ist besonders für die Industrie wichtig und wird beispielsweise zur Herstellung von Düngemittel-Phosphaten benötigt. Sulfate aus dem Boden gelangen ebenfalls ins Ökosystem und sind wichtig für die Bildung einiger Aminosäuren und Enzyme – in unserem Körper befinden sich circa 150 Gramm Schwefelverbindungen.

Chlor

Kategorie: Halogen
Ordnungszahl: 17
Farbe: gelblich grün
Schmelzpunkt: −102 °C (−151 °F)
Siedepunkt: −34 °C (−29 °F)
Entdeckt: 1774

Jeder kennt Chlor in Form von Salz (oder Natriumchlorid), das in unserer Ernährung eine Schlüsselrolle spielt. Doch wie so viele Elemente hat Chlor viele Gesichter: Als die deutsche Armee während des Ersten Weltkriegs in Flandern Chlorgas als Waffe einsetzte, forderte dies etwa 5000 Tote, und zahlreiche Soldaten litten furchtbar an den Spätfolgen.

In der Natur kommt Chlor nicht in reiner Form vor – zum ersten Mal wurde es 1774 von dem schwedischen Chemiker Carl Wilhelm Scheele isoliert, der Chlorwasserstoffsäure (auch Salzsäure genannt) mit Mangandioxid erhitzte. So entstand ein gelblich grünes Gas mit faulem, erdrückendem Geruch, das in Wasser gelöst eine Säurelösung ergab. Scheele dachte nicht, dass das Gas, das er produziert hatte, ein reines Gas war, doch 1807 führte Humphry Davy weitere Experimente durch und ließ die Existenz eines neuen Elementes verlautbaren (das nach dem griechischen Wort für gelblich grün benannt wurde).

PVC (oder Polyvinylchlorid) ist eine Chlorverbindung, jenes vielseitig einsetzbare Plastik, das von Fensterrahmen bis hin zu Blutkonservenbeuteln im Krankenhaus Verwendung findet. Auch wird es häufig in der Pharmaindustrie eingesetzt, um chemische Reaktionen auszulösen. Doch am geläufigsten wird Chlor wohl durch seine Rolle als Desinfektionsmittel sein, da es Bakterien abtötet: Man findet es in vielen herkömmlichen Bleichen, ebenso wird es gebraucht, damit Keime in Leitungswasser und Schwimmbecken keine Chance haben. Diese Anwendungsform entstand nach einem Ausbruch der Cholera in London, nachdem der bahnbrechende Arzt John Snow erkannt hatte, dass eine Wasserpumpe in Soho der Quell des Übels war. Er legte sie still und versuchte, sie mit Chlor zu desinfizieren. Während des 19. Jahrhunderts wurde diese Chemikalie hin und wieder dafür eingesetzt, bevor das Trinkwasser schließlich ab dem 20. Jahrhundert in Europa und Amerika umfassend gechlort wurde. Snow experimentierte ebenfalls mit der Chlorverbindung Chloroform, die er als Anästhetikum einsetzte, um Königin Victoria bei der Geburt zu helfen.

Unsere Einstellung zu manchen Chlorprodukten hat sich mit der Zeit teils heftig gewandelt. Chloroform und Tetrachlormethan, ein chemisches Reinigungsmittel, wurden früher häufig verwendet, werden heute jedoch nur streng kontrolliert eingesetzt, da sie die Leber schädigen können. Ebenso wurden in der Vergangenheit häufig Fluorchlorkohlenwasserstoffe (kurz FCKWs) verarbeitet, hauptsächlich in Sprühdosen. Sie waren Hauptverursacher der zunehmenden Zerstörung der Ozonschicht. Seit den 1980er-Jahren wurde ihr Einsatz weltweit drastisch reduziert, sodass sich die Ozonschicht in den letzten Jahren glücklicherweise wieder stabilisieren konnte.

Argon

Kategorie: Edelgas
Ordnungszahl: 18
Farbe: farblos
Schmelzpunkt: –189 °C (–308 °F)
Siedepunkt: –186 °C (–302 °F)
Entdeckt: 1894

Heutzutage sind wir uns der zunehmenden Menge an Kohlenstoffdioxid in der Atmosphäre überaus bewusst – wir kennen all die Umweltprobleme, die sich daraus in der Zukunft ergeben werden. Weniger bekannt ist jedoch, dass die Luft, die wir Tag für Tag atmen, mehr Argon (1 %) als Kohlenstoffdioxid (0,4 %) enthält.

Seinen ersten zaghaften Auftritt auf der Bildfläche hatte Argon in den 1760er-Jahren, als Henry Cavendish die Zusammensetzung der Luft untersuchte. Wir haben bereits gesehen, dass Cavendish »phlogistierte« Luft von »dephlogistierter« Luft trennte. Jedes Mal, wenn Cavendish der phlogistierten Luft den Stickstoff entzog, konnte er sich einfach nicht erklären, dass ein penetranter Rest von 1 % eines trägen Gases übrig blieb.

Man vergaß die Tatsache bis etwa 1894, dem Jahr, in dem John Strutt (später bekannt als Lord Raleigh) und William Ramsay entdeckten, dass der Stickstoff, der aus der Luft gewonnen wurde, immer etwa 0,5 % dichter (und insofern »schwerer«) war, als der Stickstoff, der sich aus Ammoniak gewinnen ließ. Sie identifizierten das schwerere Gas, das übrig blieb, wenn man der atmosphärischen Luft Sauerstoff und Stickstoff entzogen hatte, als ein eigenständiges Element – es wurde nach dem griechischen Wort *argos* benannt, das »faul« bedeutet, da es so wenig reaktionsfreudig ist. Die Trägheit liegt in der Tatsache begründet, dass Argon zu den »Edelgasen« gehört, deren äußere Schale komplett mit Elektronen besetzt ist, sodass sie sich nicht so einfach mit anderen Elementen verbinden lassen oder mit ihnen reagieren.

Eine verdeckte Entdeckung

Als Strutt und Ramsay das Argon 1894 entdeckten, posaunten sie ihren Fund nicht gleich in alle Welt hinaus. Allerdings nicht, weil es ein Problem mit ihren Ergebnissen gegeben hätte. Dem Forscherpaar war zu Ohren gekommen, dass im nächsten Jahr in Amerika ein großer Wettbewerb für Entdeckungen im Bereich der Chemie ausgeschrieben war, jedoch unter der Bedingung, dass die Entdeckung erst Anfang 1895 erfolgt war. Vom Preisgeld gelockt hielten sie mit ihrer Entdeckung noch etwas hinterm Berg und verkündeten sie erst im nächsten Jahr. So verdienten sie sich 10000 $ Preisgeld – heute wären das über 150000 $.

Argon ist in vielen industriellen Prozessen eine wichtige Zutat. In der Stahlproduktion beispielsweise wird es mit Sauerstoff verbunden und für die »Entkohlung« durch geschmolzenes Metall gepresst: So werden wichtige Elemente im Stahl wie beispielsweise Chrom daran gehindert, in großen Mengen zu oxidieren. Es wurde für die früheren Glühbirnen mit weißem Licht eingesetzt, da es wie bereits erwähnt nicht leicht reagiert und den Draht daran hindert, bei hoher Temperatur zu oxidieren. Bei Doppelverglasung kommt es häufig im Zwischenraum zum Einsatz, da es schwerer als Luft ist und weniger Wärme leitet, so trägt es zur Isolierung von Häusern bei. Aktuell werden blaue Argonlaser in Krankenhäusern genutzt, um Krebsgeschwüre zu zerstören und Hornhautdefekte von Patienten mit Augenproblemen zu korrigieren.

Für eine Substanz, die wir vor etwa hundertfünfundzwanzig Jahren noch gar nicht kannten, hat sich Argon als ziemlich nützlich erwiesen.

Kalium

Kategorie: Alkalimetall
Ordnungszahl: 19
Farbe: silbrig grau
Schmelzpunkt: 63 °C (146 °F)
Siedepunkt: 759 °C (1398 °F)
Entdeckt: 1807

Vor vielen Jahrhunderten entdeckten die Menschen Pottasche als nützliches Düngemittel, das sich aus einigen Pflanzen gewinnen ließ. In einer Herstellungsbeschreibung aus dem 18. Jahrhundert heißt es: »Pottasche oder Kesselasche kommt jedes Jahr in großen Mengen mit den Handelsschiffen aus Kurland (heute Teil von Lettland), Russland und Polen zu uns. Dort wird es aus dem Holz der grünen Tanne, Kiefer, Eiche und dergleichen gewonnen, das in richtiggehenden Gräben zu riesigen Haufen aufgeschichtet wird, wo sie es verbrennen, bis vom Holz nur Asche übrig ist.« Die Asche wurde in Wasser aufgekocht, dann wurde die sich an der Oberfläche bildende Lauge abgeschöpft und wiederum in Kupfertöpfen weitergekocht, bis nur ein Salz überblieb. Ein ähnlicher Bericht aus dem 17. Jahrhundert beschreibt denselben Vorgang, der mit einem Kraut namens »Kali« durchgeführt wird (lat. *Salsola kali*, besser bekannt als Salzkraut).

Durch beide Methoden entsteht ein Gemisch aus Kaliumcarbonat und Natriumcarbonat. (Das Wort Pottasche kann ebenfalls gebraucht werden, wenn man sich auf Kaliumchlorid, Kaliumsulfat oder Kaliumnitrat bezieht.) Die Kali-Methode, durch die man eine größere Menge dieser Natriumverbindung herstellt, ist der Ursprung des Wortes »Alkali«, das von dem arabischen »al-kali« stammt, wobei »al« der arabische bestimmte Artikel ist.

Andere Länder, andere Buchstaben

Der brillante schwedische Chemiker Jöns Jacob Berzelius erfand das chemische Notationssystem, das wir noch heute gebrauchen. Der einzige Unterschied war, dass Berzelius für die Anzahl der Atome Hochstellung (H^2O) verwendete, statt der heute gängigen Tiefstellung (H_2O). Vielleicht ist Ihnen schon aufgefallen, dass manche Buchstabenkürzel nicht mit dem gebräuchlichen Namen des Elementes übereinstimmen – im Deutschen beispielsweise das O für Sauerstoff, das vom in anderen Sprachen gängigen »Oxygen« kommt. Manchmal ist der Unterschied allerdings auch durch historische Uneinigkeit entstanden: Im Englischen beispielsweise heißt Kalium »Potassium«, da Davy es nach der Pottasche benannte, Berzelius jedoch zog das Wort »Kalium« aufgrund seines Ursprungs in der Kali-Pflanze vor, daher verwendete er das Symbol K (wir haben also Glück gehabt).

Dies ist durchaus wichtig, da Kalium das erste der Alkalimetalle war, das isoliert wurde: 1807 gelang dies Humphry Davy durch die Elektrolyse von flüssigem Kaliumhydroxid. Berichten zufolge »konnte er seine Freude kaum zügeln, als er die winzigen Kaliumkügelchen sah, die durch die Kruste der Pottasche brachen und Feuer fingen, als sie in die Atmosphäre aufstiegen.«

Kalium ist leicht genug, dass es im Wasser schwimmt – theoretisch, wer es versucht, wird feststellen, dass es aufgrund seiner hohen Reaktivität beinahe augenblicklich explodiert –, tatsächlich brennt es dabei sogar Löcher durch Eis. Heutzutage wird es in der Industrie weiterhin hauptsächlich als Düngemittel eingesetzt, denn Pflanzenzellen brauchen Kalium (und auch für unsere Ernährung ist es wichtig). Ebenso wird es zur Herstellung von Glas, Flüssigseife, Medikamenten und für Infusionen verwendet.

Calcium

Kategorie: Erdalkalimetall
Ordnungszahl: 20
Farbe: Silbrig grau

Schmelzpunkt: 842 °C (1548 °F)
Siedepunkt: 1484 °C (2703 °F)
Entdeckt: 1808

Schon lange lernen wir in der Milchwerbung, wie wichtig Calcium (oder eingedeutscht Kalzium) für die Gesundheit unserer Knochen und Zähne ist. Auch Nahrungsmittel wie Käse, Spinat, Mandeln, Fisch, Nüsse und Joghurt enthalten Calcium. Insofern würde man zunächst einmal nicht denken, dass es sich dabei um ein Metall handelt.

Tatsächlich ist Calcium das fünfthäufigste Element in der Erdkruste, allerdings nicht in seiner natürlichen Form – es reagiert sehr schnell mit Luft und formt so diverse Verbindungen, darunter Kalkstein (Calciumcarbonat) und Fluorit (Calciumfluorid). Auch gibt es menschengemachte Verbindungen wie Gips oder Stuck (Calciumsulfat), Kalk oder Branntkalk (Calciumoxid). Kreide ist eine Art Kalkstein, und die Stalagmiten und Stalagtiten in Höhlen entstehen, wenn Wasser, das gelöstes Calciumbicarbonat enthält, von der Decke tropft, und sich der Mineralienanteil Tropfen für Tropfen wieder in Kalkstein verwandelt. Wenn Trinkwasser eher »hart« als »weich« eingestuft wird, deutet dies auf einen erhöhten Mineralienanteil hin, also hauptsächlich auf mehr Calciumverbindungen, die sich gelöst haben, als das Wasser über Kalkstein oder andere Mineralien geflossen ist. Hartes Wasser ist für die Verkalkungen verantwortlich, die Teekessel und Waschmaschinen kaputt machen, für den Menschen ist es jedoch recht harmlos (und produziert offenbar wohlschmeckenderes Bier, als es weiches Wasser tun würde!)

Knochenbau

In unserem Körper ist Calcium rund um die Uhr im Einsatz, um unsere Knochen zu erneuern. Dies ist ein fortlaufender Prozess, nur bei Schwangeren und im Alter verlangsamt er sich – Calciummangel ist einer der Gründe, weshalb Menschen an Osteoporose erkranken, bei der die Knochen porös und brüchig werden. Darüber hinaus ist Calcium unerlässlich für die Blutgerinnung unserer Wunden.

Gips und Kalk werden seit der Antike verwendet. Kalk ist ein wichtiger Bestandteil von Mörtel und Zement, und wurde bereits von den Römern zum Bauen verwendet, und sogar noch früher von den Ägyptern, als sie die Pyramiden von Gizeh errichteten. Gips wurde schon vor vielen Jahrhunderten dazu gebraucht, Brüche zu schienen, genau wie heute.

Scandium

Kategorie: Übergangsmetalle
Ordnungszahl: 21
Farbe: silbrig weiß

Schmelzpunkt: 1541 °C (2806 °F)
Siedepunkt: 2836 °C (5136 °F)
Entdeckt: 1879

In Mendelejews erstem Periodensystem klafften vier Lücken, von denen er vermutete, dass sie mit der Zeit mit neu entdeckten Elementen gefüllt würden. Die fehlenden Elemente benannte er nach ihrer Nähe zu bereits bekannten Substanzen – in seinem ursprünglichen Periodensystem war Bor das erste Element der dritten Gruppe, sodass er in die Lücke für ein Element mit Ordnungszahl 21 provisorisch »Eka-Bor« eintrug (was so viel heißen sollte wie »einen Platz hinter Bor«). Schlussendlich wurde Bor an die Spitze der dreizehnten Gruppe verschoben, doch binnen zehn Jahren nach Mendelejews Erstveröffentlichung des Periodensystems untermauerte die Entdeckung des Elementes Scandium seine Sinnhaftigkeit, es füllte von nun an statt des »Eka-Bors« den ersten Platz der dritten Gruppe und lenkte die Weltaufmerksamkeit auf Mendelejews Arbeit. (Die erste Lücke hatte bereits 1875 das neu entdeckte Gallium gefüllt – siehe S. 95.)

Dem schwedischen Chemiker Lars Fredrik Nilson gelang es 1879, eine winzige Probe reinen Scandiumoxids aus dem Mineral Euxenit zu gewinnen, doch erst 1937 wurde eine größere Menge des (nahezu) reinen Metalls aus Erzen gewonnen. Es wurde nach seinem Fundort benannt, Skandinavien. Scandium ist ein seltenes Element – weltweit werden nur etwa zehn Tonnen pro Jahr hergestellt. Dadurch ist es weitaus wertvoller als Gold, wird jedoch eher für den Bedarf der Industrie hergestellt, nicht als Luxusmetall. Es ist ein leichtes Element, aus dem sich exzellente Verbindungen herstellen lassen, besonders mit Aluminium – sie werden in ultraleichten Sportausrüstungen und Luftfahrzeugen verbaut. Auch kann Scandium in der Form von Scandiumjodid für besonders leistungsfähige Flutlichtanlagen eingesetzt werden.

Auf der Erde kommt Scandium selten vor, nicht jedoch im Rest des Universums: Sowohl Sonne als auch Mond haben höhere Vorkommen als unser Planet.

Titan

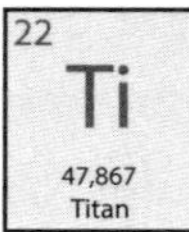

Kategorie: Übergangsmetall

Ordnungszahl: 22

Farbe: silber

Schmelzpunkt: 1668 °C (3034 °F)

Siedepunkt: 3287 °C (5949 °F)

Entdeckt: 1791

Viele Produkte verkaufen sich besser, wenn sie strahlend weiß sind – egal ob Zahnpasta, Süßwaren, Farbe oder Medikamente. Eine der besten Methoden, um dies zu erreichen, besteht darin, Titanoxid zu verwenden (man nennt es auch Titanweiß), ein natürlich vorkommendes Oxid von Titan.

Einige der nützlichsten Erfindungen des 21. Jahrhunderts sind ebenfalls dem Titanoxid zu verdanken – beispielsweise wird es als selbstreinigende Beschichtung für die Außenspiegel von Autos verwendet, auf denen das Wasser sich nicht nur verteilt, ohne zu beschlagen, sondern dabei obendrein den meisten Dreck beseitigt. Die erste leicht erhältliche Generation dieses Glases war Activ von Pilkington, die 2001 auf den Markt kam.

Titan ist kein seltenes Element – hier auf der Erde ist es das neunhäufigste. Allerdings lässt es sich nicht leicht fördern – es reagiert mit Stickstoff, sodass viele Extraktionsmethoden nicht in Frage kommen. Die derzeitige Standardmethode wird Kroll-Prozess genannt und besteht darin, Titandioxid auf etwa 1000 °C zu erhitzen, anschließend Chlor darüber zu leiten, sodass eine neue Verbindung entsteht, es anschließend mit Argon zu bedecken, wonach eine Reaktion mit Magnesium bei 850 °C eine Extraktion des reinen Titans ermöglicht. Auch wenn sich dies wirtschaftlich rechnet, ist Titan dadurch ein teureres Metall als beispielsweise Eisen, das in sehr viel größeren Mengen vorkommt.

Titan ist extrem nützlich, da es genauso stabil ist wie Stahl, und dabei nur halb so schwer. Es rostet nicht in Wasser und ist keiner Metallermüdung unterworfen. Wie Aluminium reagiert es zwar mit Sauerstoff, doch auch hier führt dies zu einer dünnen Oxidschicht, die das Metall schützt. Aufgrund all dieser Eigenschaften wird Titan häufig für Verkehrsmittel, Sportequipment und in der Seefahrt verwendet. Und es geht stabile Verbindungen mit Knochen ein: Ein ideales Material für künstliche Hüftgelenke und Zahnimplantate.

Ein Oxid von Titan wurde 1791 zum ersten Mal von einem Vikar in Cornwall namens William Gregor entdeckt – er benannte den schwarzen Sand »Menachanit« nach der örtlichen Gemeinde Manaccan. Nur wenige Jahre später bemerkte der deutsche Chemiker Martin Heinrich Klaproth, dass Menachanit dasselbe neue Element wie Rutil enthielt (ein rotes Erz), doch es dauerte noch bis 1910, bis es amerikanischen Chemikern von General Elektric gelang, eine rudimentäre Methode zur Gewinnung von reinem Titan zu finden.

Vanadium

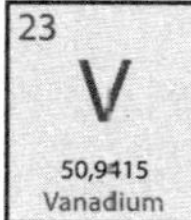

Kategorie: Übergangsmetall

Ordnungszahl: 23

Farbe: silbergrau

Schmelzpunkt: 1910 °C (3470 °F)

Siedepunkt: 3407 °C (6165 °F)

Entdeckt: 1801

Vanadium ist ein weiteres Metall, das häufig für Legierungen verwendet wird. Achtzig Prozent der jährlichen Produktion werden Stahl hinzugefügt, der durch die Beimischung von nur einem Prozent Vanadium und ein wenig Chrom resistent gegen Erschütterungen und Vibrationen wird. Aufgrund seiner geringen Neutronenabsorption wird das Metall ebenfalls in Atomreaktoren genutzt, als Pigment für Glas und Keramik und die Herstellung supraleitender Magneten.

Zum ersten Mal wurde das Metall 1801 von Andrés Manuel del Rio entdeckt, einem mexikanischen Professor, der es in einem braunen Bleierz namens Vanadinit fand. Als er es einem französischen Chemiker zur weiteren Analyse schickte, tat dieser es fälschlicherweise als Chrom ab (dem es tatsächlich durch seine vielfarbigen Salze ähnelt). Doch 1831 entdeckte der schwedische Chemiker Nils Gabriel Sefström, dass das aus einer südschwedischen Erzmine stammende Gusseisen ebenfalls Vanadium enthielt. Die Metallarbeiter hatten sich gewundert, dass ihr Eisen ständig unterschiedlich hart war. Die Antwort lautete: Wegen des Vanadiums.

Über die Jahre gab es zahlreiche Versuche, das Metall zu isolieren, und einige Versuche, den Erfolg für sich zu verbuchen: Doch 1869 brachte Sir Henry Roscoe in Manchester schließlich eine Probe hervor und bewies, dass frühere Proben lediglich die Verbindung Vanadiumnitrit gewesen waren. Im Allgemeinen wird das Metall hergestellt, indem Vanadiumoxid mit Calcium unter Hochdruck reduziert wird.

Vanadium ist ein essenzieller Bestandteil unserer Ernährung, allerdings nur in winzigen Mengen – gute Quellen sind Pilze, Krustentiere, Spinat, Vollkorn, schwarzer Pfeffer, Dillsamen und Petersilie. Offenbar ist eine gesunde Vanadiumzufuhr für Diabetiker von Vorteil, da es ihre Insulinempfindlichkeit erhöht.

Chrom

Kategorie: Übergangsmetall

Ordnungszahl: 24

Farbe: silber mit blauer Tönung

Schmelzpunkt: 1907 °C (3465 °F)

Siedepunkt: 2671 °C (4480 °F)

Entdeckt: 1798

Sibirisches Rotbleierz (oder Krokoit) ist ein orange-rotes Mineral, das im 18. Jahrhundert entdeckt wurde. 1798 bewies der französische Chemiker Louis Vauquelin, dass es ein bis dato unbekanntes Element enthielt, das er »Chromium« nannte (nach dem griechischen Wort für »Farbe«), da es wunderschöne vielfarbige Verbindungen einging.

Vauquelin selbst schien seiner Entdeckung keinen großen Nutzen beizumessen, abgesehen von dekorativen Zwecken, und auf eine Art hatte er recht. Nur ein geringer Anteil von hergestelltem Chrom wird in seiner reinen Form verwendet. Eine Beschichtung mit Chrom verleiht Stahl ein glänzendes Finish (beispielsweise bei Oldtimern oder Motorrädern), Gleiches gilt für Plastikarmaturen. Am häufigsten wird es in Legierungen oder Verbindungen verwendet. Die Verbindung aus Stahl und Chrom ergibt rostfreien Stahl, der eine dünne Schutzschicht aus Oxid bildet, statt zu rosten, wie es normaler Stahl tun würde.

Chromverbindungen sorgen für eine bemerkenswerte Breite an Farben und Schattierungen bei Farbpigmenten: Verschiedenste Arten von Chromoxid, Bleichromat, Natriumchromat, Chromchlorid und anhydrischem Chromchlorid ergeben Nuancen von dunkelrot über orangerot, hellgelb, hellblau zu hell- und dunkelgrün. Chromgelb ist eine Farbe, die Generationen amerikanischer Kinder nur zu gut kannten, da es traditionell die Farbe war, mit der die Schulbusse lackiert wurden, um auch bei schlechten Sichtverhältnissen leicht auszumachen zu sein. (Die ursprüngliche Farbe wurde jedoch beizeiten ersetzt, da sie Blei und andere giftige Substanzen enthielt.)

Auch bei der Färbung von Edelsteinen spielt Chrom eine sehr schöne Rolle. Amaryl und Beryll sind natürlicherweise farblose Oxide, doch wenn sie eine winzige Spur Chrom enthalten, werden daraus Rubine und Smaragde. Bei Heliodoren ist die Verwandlung sogar noch bemerkenswerter: Es handelt sich um ein farbloses Aluminat von Beryll, doch wenn es ein wenig Chrom enthält, wird es zu Alexandrit – einem höchst pleochroitischen Edelstein (was so viel heißt, dass er unterschiedliche Wellenlängen des Lichtes reflektiert, abhängig von der Art und der Richtung des Lichts). Das Farbspektrum eines hochwertigen Alexandrits reicht von orange-rot über gelb bis hin zu smaragdgrün, je nach Position und Lichtverhältnissen.

Mangan

Kategorie: Übergangsmetall

Ordnungszahl: 25

Farbe: silbrig

Schmelzpunkt: 1246 °C (2275 °F)

Siedepunkt: 2061 °C (3742 °F)

Entdeckt: 1774

Die berühmten Höhlenmalereien im französischen Lascaux entstanden Dank der ersten menschlichen Verwendung einer Manganverbindung: Das schwarze Erz Mangandioxid (oder Pyrolusit) lässt sich hervorragend als schwarze Farbe benutzen. Eine weitere Verbindung, Manganoxid, wurde im alten Ägypten dafür verwendet, dem Glas seine grünliche Färbung zu entziehen (dort war es als *Sapo vitri* bekannt, was so viel bedeutet wie »Glasseife«).

In elementarer Form ist Mangan ein hartes, sprödes, silbriges Metall. Beim sogenannten »Bessemer Verfahren« kommt 1 % Mangan zum Einsatz, um Stahl zu produzieren – in der Legierung wird so Eisensulfit zu Mangansulfit, und dieses hat einen wesentlich höheren Schmelzpunkt. Erhöht man den Mangananteil auf 13 %, so erhält man »Manganstahl«, der extrem widerstandsfähig ist und für Schienen, Safes und Gefängnisgitter verwendet wird. Für Getränkedosen wird er mit Aluminium legiert, um das Risiko zu senken, dass sie rosten.

Im frühen 18. Jahrhundert wurde angenommen, Mangan enthalte Eisen, doch nachdem ein Berliner Glashersteller diese These als falsch entlarvt hatte, versuchten sich diverse Chemiker an seiner Isolierung, die schließlich 1774 in Schweden erfolgreich von Johan Gottlieb Gahn durchgeführt wurde. (Tatsächlich ist es möglich, dass sie einem Studenten aus Wien bereits Jahre vor Gahn gelang, der seine Entdeckung jedoch nicht veröffentlichte.)

Mangan am Meeresgrund

Kaum zu glauben, aber vielerorts ist der Boden der Tiefsee mit Millionen von Knollen überzogen, die einen hohen Mangananteil aufweisen! An manchen Stellen bedecken sie bis zu zwei Drittel des Meeresbodens: Offenbar verhindern die Aktivitäten einiger Meeresbewohner, dass sie von den Sedimenten begraben werden. Es gibt zur Entstehung dieser Knollen zahlreiche Theorien, doch zumindest sind sich die Wissenschaftler einig, dass ihr Wachstum Millionen von Jahren gedauert haben muss. Natürlich haben Bergbaufirmen großes Interesse an diesem potenziellen Rohstoff aus dem Ozean gezeigt, doch ein Abbau hat bisher aufgrund der hohen Kosten noch nicht stattgefunden, ebenso wie durch die wachsende Sorge um eventuelle Folgeschäden für das Ökosystem.

Der Name dieses Elementes kann für Verwirrung sorgen. Sowohl Magnesium als auch Mangan wurden nach der griechischen Präfektur Magnisia benannt (wo erstmals magnetisches Magnetiteisenerz gefunden wurde). Früher wurde Magnesium als weiße Magnesia und Mangan als schwarze Magnesia bezeichnet. Erst nach Gahns Durchbruch wurde dieses Missverständnis aufgeklärt.

Mangan ist nach Eisen das zweithäufigste Übergangsmetall und taucht in hunderten von Mineralien auf. Auch spielt es eine tragende Rolle bei der Photosynthese und in der Entwicklung gewisser Enzyme: Wir nehmen Spuren von Mangan durch Nahrungsmittel wie Nüsse, Kleie, Vollkorncerealien, Petersilie und – aus englischer Perspektive natürlich am wichtigsten – durch eine schöne Tasse Tee auf.

Eisen

Kategorie: Übergangsmetall

Ordnungszahl: 26

Farbe: silbergrau

Schmelzpunkt: 1538 °C (2800 °F)

Siedepunkt: 2861 °C (5182 °F)

Entdeckt: Antike

Eisen ist nicht nur eines der wichtigsten Elemente für die Menschheitsgeschichte, es ist (der Masse nach) auch eines der am reichlichsten vorhandenen Elemente auf unserem Planeten, was zum Teil daran liegt, dass der

Erdkern hauptsächlich aus Eisen besteht. Im Entstehungsprozess der Erde, als ein Wirbel aus Staub und Gas nach und nach von einer protoplanetaren Scheibe in planetenform gepresst wurde, sammelten sich die schwersten Elemente natürlich in der Mitte an, sodass Eisen am Ende einen soliden Kern bildete, der von einer flüssigen Hülle umgeben wird. Dem Eisenkern hat unser Planet sein Magnetfeld zu verdanken – im Norden und Süden besitzt er zwei magnetische Pole, und das Feld reicht bis ins Weltall, wo es potenziell gefährliche Winde und Strahlungen von uns fern hält.

Die ersten Gegenstände aus Eisen finden sich bei den alten Ägyptern, doch es waren die Hethiter in Asien (genauer gesagt auf dem heutigen Gebiet der Türkei), die um 1500 v. Chr. entdeckten, wie man das Metall schmelzen konnte, um es einfacher zu verarbeiten. Die Hethiter hielten ihr Wissen jahrhundertelang geheim, doch nachdem ihr Reich 1200 v. Chr. überfallen wurde, verstreuten sich die Eisenschmiede, wobei sie natürlich ihre Handfertigkeiten mitnahmen und somit die Eisenzeit einläuteten.

Man kann Eisen in eine Vielzahl von Formen gießen, schmieden oder maschinell bearbeiten – im Laufe der Geschichte fanden die Menschen immer wieder neue Wege, widerstandsfähigere, weniger spröde Formen von Eisen herzustellen, indem sie es mit Kohlenstoff oder diversen Metallen einschmolzen. Damaskusstahl, jenes legendäre Metall, unfassbar stabil, bruchfest und scharf, hat seine Vorteile vermutlich einem gewissen Vanadiumanteil im zu seiner Herstellung gebrauchten Erz zu verdanken (das aus Indien stammte). Die Entdeckung immer effizienterer Herstellungsmethoden während des 17. Jahrhunderts leitete die vielen bahnbrechenden Erfindungen ein, die heute als Industrielle Revolution bezeichnet werden, die mit der Entstehung des Bessemer-Verfahrens 1856 noch einen Satz nach vorn machte (denn sie ermöglichte die Stahlproduktion im großen Stil). Seither brauchen wir Eisen, um alles Mögliche herzustellen, von Brücken über Schiffe, Wolkenkratzer, Autos und Werkzeugen bis hin zu Büroklammern. Der größte Nachteil von Eisen ist die schnelle Rostbildung, wenn es in Berührung mit Sauerstoff kommt. Diesem Problem kann auf unterschiedliche Art beigekommen werden, indem man das Eisen (oder den Stahl) beispielsweise mit Blech oder Zink überzieht (in dem Fall sagt man »galvanisiert«) oder sie mit Nickel legiert, um das Material korrosionsresistent zu machen.

Eisen ist ein weiteres Element, das für uns überlebenswichtig ist – es kommt in unserem Körper in unterschiedlichen Formen zum Einsatz, so zum Beispiel im Hämoglobin, das den Sauerstoff durch unser Blut transportiert. Eisenmangel durch falsche Ernährung führt zu weniger roten Blutkörperchen und Anämie, was bedeutet, dass man ständig müde und kraftlos ist. Die besten Quellen, um Eisen zu sich zu nehmen, sind rotes Fleisch und Leber, bestimmte Trockenfrüchte, Brot und Eier.

Alle Elemente, die schwerer als Eisen sind, wurden ausschließlich in Supernovae geformt, nicht in Sternen – Sterne sind einfach nicht heiß genug, als dass die schwereren Elemente auf ihnen entstehen könnten.

Cobalt

Kategorie: Übergangsmetall
Ordnungszahl: 27
Farbe: silbrig blau

Schmelzpunkt: 1495 °C (2723 °F)
Siedepunkt: 2927 °C (5301 °F)
Entdeckt: 1735

Cobalt wird bereits seit vier- bis fünftausend Jahren zum Färben benutzt: Die alten Ägypter benutzten es, um cobaltblaue Farbe und Halsketten herzustellen, und das Grab von Pharao Tutanchamun (der von etwa 1332 bis 1323 v. Chr. regierte) enthielt ein tiefblaues Glasobjekt, das mit Cobaltmineralien gefärbt worden war. Auch wurde es als Lasur für Töpferwaren verwendet. Cobaltchlorid erzeugt blaue oder grüne Farben, oder, als Hydrat, Rosa. Eine etwas eigenwilligere Anwendungsform ist die Verarbeitung zu unsichtbarer Tinte, die hergestellt wird, indem man die Cobaltverbindung mit Glycerol in Wasser auflöst: Die so entstehende »Geheimtinte« ist nur sichtbar, wenn das Papier erhitzt wird.

In natürlicher Form kommt Cobalt nicht vor, nur in Mineralien oder gemeinsam mit anderen Übergangsmetallen, vor allem Kupfer und Nickel. Hauptsächlich entsteht es als Nebenprodukt in Kupferminen. Man findet es auch in jenen merkwürdigen Manganknollen in der Tiefsee (siehe Seite 83) Biologisch betrachtet ist Cobalt bedeutsam, da es ein Teil des Vitamins B_{12} ist, das wir unbedingt zu uns nehmen müssen (hauptsächlich geschieht dies über Tierprodukte oder angereicherte Frühstückscerealien).

Der blaue Fiesling

Zum ersten Mal wurde Cobalt 1735 von dem schwedischen Chemiker Georg Brandt isoliert – er löste damit eine gewisse Kontroverse aus, ob er nicht bloß eine Eisenverbindung produziert habe, doch am Ende wurde seine Entdeckung akzeptiert. Er leitete den Namen von »Kobold« ab. Der Grund dafür war, dass deutsche Bergleute im vorigen Jahrhundert cobalthaltige Erze verabscheut hatten, die sie manchmal mit Silber verwechselten – durch seinen hohen Schmelzpunkt ließ es sich nicht verarbeiten, setzte jedoch unter Hitze giftige Arsendämpfe frei, sodass sie das Element für einen bösartigen Streich der Kobolde hielten.

Im letzten Jahrhundert hat Cobalt in einigen bedeutsamen neuen Formen Anwendung gefunden. Es ist ein ultrastarkes, hartes und magnetisches Metall mit ungewöhnlich hohem Schmelzpunkt. Es ist eines der drei magnetischen Übergangsmetalle (neben Nickel und Eisen). So eignet es sich hervorragend für Legierungen, die widerstandsfähig sein müssen, beispielsweise für Bohrer und Sägen. Und da es auch noch bei hohen Temperaturen weiterhin magnetisch bleibt, wird es häufig für Legierungen in Hochgeschwindigkeitsmotoren verwendet.

Nickel

Kategorie: Übergangsmetall

Ordnungszahl: 28

Farbe: silbrig weiß

Schmelzpunkt: 1455 °C (2651 °F)

Siedepunkt: 2912 °C (5274 °F)

Entdeckt: 1751

Nach Eisen ist Nickel der zweitwichtigste Bestandteil des Erdkerns, und durch Meteoriteneinschläge gelangen immer mal wieder neue Nickelvorkommen auf unseren Planeten: Zwei der wichtigsten Fundorte von Nickel liegen in Ontario, Kanada, und im englischen Sudbury, beides Orte früherer Meteoriteneinschläge.

In Verbindungen spielt Nickel eine kleine Rolle für unsere Ernährung – in winzigen Mengen wird es verwendet, um Pflanzenöl zu hydrieren, und Baked Beans sind merkwürdig reich an Nickel. Hauptsächlich wird es jedoch in Verbindungen verwendet: Die amerikanische Fünfcentmünze – die ja Nickel genannt wird –, besteht tatsächlich nur zu 25 % aus diesem Material, zu 75 % ist sie aus Kupfer gemacht (auch in vielen anderen Münzen findet sich Nickel). In Toastern und Elektroöfen findet man häufig Nickelchrom-Draht, der hauptsächlich, wie der Name schon sagt, aus Nickel und Chrom besteht und selbst größter Hitzeeinwirkung standhält. In einer Legierung mit Stahl und Chrom entsteht Edelstahl. Gemeinsam mit Kupfer kann Nickel in Entsalzungsanlagen eingesetzt werden. Monel ist eine Verbindung aus Stahl und Nickel, die so extrem widerstandsfest ist, dass selbst das zerstörerische Fluorgas (siehe S. 42) ihr nichts anhaben kann. Nickelbasis-Superlegierungen aus Aluminium und Nickel, mit einem kleinen Bor-Anteil, werden in Raketentriebwerken und Flugzeugen verwendet, da sie sehr leicht sind, jedoch bei hohen Temperaturen eher stärker halten als zu korrodieren.

Nickel wurde übrigens nach Kupfernickel benannt, einem von deutschen Bergarbeitern entdecktem Erz. »Nickel« ist ein altes Wort für Berggeister; die Bergarbeiter haben das Erz »Kupfernickel« genannt, weil es aussah wie Kupfer, sich aber keiner daraus gewinnen ließ, als wäre das Material von Geistern verhext. Der schwedische Chemiker Axel Fredrik Cronstedt isolierte Nickel 1751 erstmals, doch es brauchte noch einige Jahre, bevor das wissenschaftliche Establishment sich endlich davon überzeugen ließ, dass es sich tatsächlich um ein neues Element handelte, nicht bloß um eine weitere Legierung.

Kupfer

Kategorie: Übergangsmetall
Ordnungszahl: 29
Farbe: orange-rot
Schmelzpunkt: 1085 °C (1985 °F)
Siedepunkt: 2562 °C (4644 °F)
Entdeckt: Antike

Kupfer ist ein natürliches Metall: Das bedeutet, dass es in der Natur sowohl in Reinform als auch in Verbindungen gefunden werden kann. Aus diesem Grund war es eines der ersten Metalle, das die Menschen sich zu Nutze machten – wir wissen, dass es bereits vor 10 000 Jahren verwendet wurde (Kupferschmuck aus dieser Zeit wurde im Irak gefunden), dass es vor 7000 Jahren aus Erzsulfiten geschmolzen und vor 6000 Jahren schließlich in Formen gegossen wurde. Bedeutsam ist auch, dass es das erste Metall war, das bewusst mit einem anderen legiert wurde – in Verbindung mit Zinn erhält man Bronze. Diese Entdeckung markiert den Zeitpunkt, da Steinwerkzeuge durch Metallwerkzeuge ersetzt wurden: Die Bronzezeit begann etwa 3500 v. Chr. Genau wie Silber und Gold wurde Kupfer häufig zur Herstellung von Münzen verwendet, wenn auch aufgrund des geringeren Wertes eher fürs geringere Kleingeld.

Das chemische Symbol Cu stammt aus der Römerzeit – dort nannte man das Material *aes cyprium* (also Erz von der Insel Zypern, wo sich damals die größten Kupfervorkommen befanden). Im Vulgärlatein wurde daraus *cuprum*.

Kupfer hat eine außergewöhnliche rötliche Färbung und ist ein robustes Material – als Archäologen die Pyramiden von Gizeh untersuchten, fanden sie darin Kupferleitungen, die Teil eines noch funktionstüchtigen Abwassersystems waren. Auch für elektrische Leitungen wird es häufig verwendet – Kupfer leitet Hitze und Elektrizität sehr gut und lässt sich leicht ausdehnen –, ebenso wie zum Bau von Rohranlagen und Bedachungen. Auch im Kunsthandwerk wird Kupfer verwendet – Statuen und andere Kunstgegenstände aus diesem Material werden mit der Zeit von Grünspan (auch Patina genannt) überzogen, wenn das Metall oxidiert. Kupferverbindungen, vor allem Kupfersalze, färben Mineralien wie Azurit und Türkisgestein grün oder blau, und früher wurde es dazu gebraucht, Farbpigmente in diesen Tönen herzustellen.

Der menschliche Körper braucht Spuren von Kupfer. Viel interessanter ist jedoch, dass die meisten Fische und Säugetiere durch Hämoglobin einen Eisenkomplex haben – Gliederfüßer und Weichtiere brauchen für diesen Zweck Kupfer: Ihr Blut enthält statt Hämoglobin den Kupferkomplex Hämozyanin.

Zink

Kategorie: Übergangsmetall

Ordnungszahl: 30

Farbe: bläulich weiß

Schmelzpunkt: 420 °C (788 °F)

Siedepunkt: 907 °C (1665 °F)

Entdeckt: 1746

Genau zu sagen, wann ein Element entdeckt wurde, kann manchmal schwierig sein – manchmal ist es am sinnvollsten, das Datum zu wählen, an dem es von einem Chemiker oder einer Chemikerin zum ersten Mal isoliert wurde, während bei anderen Elementen der Zeitpunkt zählt, zu dem es entdeckt oder identifiziert wurde. Wir wissen, dass die Römer Zink verwendet haben, und archäologische Funde beweisen, dass es in Indien vom 12. bis zum 16. Jahrhundert raffiniert wurde. Historiker schreiben für gewöhnlich dem deutschen Chemiker Andreas Marggraf zu, Zink zum ersten Mal 1746 als eigenständiges Element erkannt zu haben, doch bereits im 17. Jahrhundert verfasste der flämische Metallurge P. Moras de Respour ausgiebige Berichte über die Gewinnung des Metalls aus Zinkoxid.

Die weitverbreitetste Verwendung von Zink ist die Galvanisierung von Stahl, um ihn vor Korrosion zu schützen – diese Methode wurde von Luigi Galvani erfunden (der ebenfalls dadurch bekannt wurde, dass er die Beine von Fröschen mithilfe von Strom zucken ließ). Für gewöhnlich wird dabei der Stahl für einen Moment in flüssigem Zink versenkt: So entsteht eine dünne Schicht, die das darunterliegende Metall schützt.

Über den Dächern von Paris

Als Baron Haussmann Paris im 19. Jahrhundert einer Renovierung unterzog, gebrauchte er für die Dächer hauptsächlich eine Legierung, die zu 80 % aus Zink bestand. Die hübschen, silbergrauen Dächer wurden schnell zu einem Wahrzeichen der Stadt und inspirierten zahlreiche Künstler und Filmemacher. Er kürzlich wurden sie als »unbezahlbares Kulturgut« anerkannt und werden vermutlich bald den Status des UNESCO-Weltkulturerbes erhalten. Sie haben den Vorteil, sehr umweltfreundlich zu sein – das Regenwasser, das an Zink hinunter rinnt, nimmt keine Schadstoffe aus dem Metall auf (anders als bei Blei oder anderen Schwermetallen, die manchmal verwendet werden).

Zink kann mit Kupfer zu Blech legiert werden, das von der Türklinke bis hin zum Reißverschluss zahlreiche Anwendungsformen findet, allem voran natürlich bei Blechblasinstrumenten fürs Orchester. Andere Verbindungen sind Zinksulfite, die für die Herstellung von Farben und Leuchtstoffröhren verwendet werden, oder Zinkoxide, die sich ebenfalls in zahlreichen Produkten finden, unter anderem als Hauptbestandteil von Galmeilotion.

Gallium

Kategorie: Metall
Ordnungszahl: 31
Farbe: silbrig weiß

Schmelzpunkt: 30 °C (86 °F)
Siedepunkt: 2229 °C (4044 °F)
Entdeckt: 1875

Gallium war das erste von Mendelejews »fehlenden Elementen«, das entdeckt wurde – er hatte vorausgesagt, dass es den Platz unter Aluminium füllen würde und es dementsprechend »Eka-Aluminium« getauft. Binnen fünf Jahren wurde die Lücke gefüllt: Der französische Wissenschaftler Paul-Émile Lecoq de Boisbaudran, der damals noch gar nichts von Mendelejews Prophezeiung ahnte, bemerkte bei einer Untersuchung von Zinkblende (oder Sphalerit) im Spektroskop zwei ungewöhnliche violette Linien im Spektrum. Er isolierte das Element und nannte es Gallium (nach dem lateinischen Namen für Frankreich, wobei es sich auch um ein Wortspiel mit seinem eigenen Namen, Lecoq, handeln kann, denn auf Latein bedeutet *gallus* »Hahn«).

Gallium findet sich ebenfalls in diversen anderen Mineralien, unter anderem in Bauxit, ist jedoch in der Regel ein Nebenprodukt bei der Herstellung diverser Metalle (beispielsweise, wenn Aluminium aus Bauxit raffiniert wird).

Gallium hat einen derart niedrigen Schmelzpunkt, dass ein Stück Gallium schmilzt, wenn man es in der Hand hält – dies haben sich einige Wissenschaftler für einen Scherzartikel zu Nutzen gemacht: Ein Löffel aus Gallium schmilzt, wenn man damit seinen Tee oder Kaffee umrührt. In Thermometern wird Gallium häufig dem giftigeren Quecksilber vorgezogen. Auch hat es extrem nützliche Eigenschaften als Halbleiter: Galliumarsenid leitet in Chips noch besser als das handelsübliche Silicium. Man kann es mit den meisten Metallen legieren, besonders dann, wenn für die gewünschte Legierung ein niedriger Schmelzpunkt wichtig ist. Auch in der Medizin kommt es zum Einsatz – Das radioaktive Isotop Gallium-67 kann verwendet werden, um Krebsgeschwüre zu diagnostizieren und zu lokalisieren, und auch für eine neue Generation von Malariamedikamenten wird zu einer Galliumverbindung geforscht.

Germanium

Kategorie: Halbmetall
Ordnungszahl: 32
Farbe: gräulich weiß
Schmelzpunkt: 938 °C (1720 °F)
Siedepunkt: 2883 °C (5131 °F)
Entdeckt: 1886

1885 wurde in einer Silbermine nahe Freiberg ein ungewöhnliches Mineral entdeckt (heute bekannt als Argyrodit). Die Untersuchung durch einen Mineralogen ergab, dass es 75 % Silber und 18 % Schwefel enthielt, die restlichen 7 % konnte er sich nicht erklären. Ihm wurde klar, dass es sich um ein neues Element handeln musste, das einige metallische Eigenschaften aufwies. Wieder handelte es sich um ein Element, von dem Mendelejew behauptet hatte, es würde eines Tages entdeckt werden (bis dahin nannte er es Eka-Silicium). Für dieses Element waren Mendelejews Voraussagen ganz besonders akkurat: Die atomare Masse hatte er nahezu richtig vorausgesagt (er hatte auf 72 getippt, tatsächlich war es 72,6), auch bei der Dichte lag er nahe dran, und ganz richtig hatte er vorausgesagt, das Element würde einen hohen Schmelzpunkt haben und von grauer Farbe sein.

Ein Wundermittel?

Germaniumverbindungen haben zu allerlei wilden Spekulationen über ihre heilenden Eigenschaften geführt – beispielsweise wird behauptet, die Lourdesgrotte (in der einem jungen Mädchen angeblich die Jungfrau Maria erschienen ist) habe einen hohen Germaniumanteil, was auch der Grund für die vielen »Heilungen« sein soll, die ihr zugeschrieben werden. Germanium wurde als Heilmittel gegen AIDS, Krebs und andere Leiden gefeiert. Für derlei Behauptungen gibt es jedoch keine wissenschaftlichen Beweise, und während Spuren von Germanium in unserer Nahrung vorkommen (zum Beispiel in Knoblauch), kann zu viel Germanium unserem Nervensystem und unserer Leber schaden.

Ursprünglich gab es keine offensichtliche Verwendung für das Metall, sodass es nur in sehr kleinen Mengen gefördert wurde – nur zwei Millionstel der Erdkruste bestehen aus Germanium. Während des Zweiten Weltkriegs entdeckten amerikanische Wissenschaftler jedoch, dass man es als Halbleiter nutzen konnte – auch ein Grund, weshalb man es als »Halbmetall« und nicht als Metall einordnet. (Die Halbmetalle sind eine vieldiskutierte Gruppe, die durch ihre Eigenschaft definiert werden, sich in gewissen Allotropen wie Metalle zu verhalten, in anderen wiederum nicht. Im Periodensystem bilden sie in etwa eine Diagonale von Bor in der oberen linken Ecke bis Polonium in der unteren rechten Ecke.[1]*) Als Halbleiter wurde Germanium später von Silicium und anderen Stoffen verdrängt, wird heute jedoch wieder als solcher in Solarzellen eingesetzt. Auch für Glasfaserkabel wird es aufgrund seines hohen Brechungsindex häufig verwendet (dieser gibt an, wie sich Licht in einem Medium ausbreitet), da es verhindert, dass das Licht austritt.

---

* Im Allgemeinen werden Bor, Silicium, Germanium, Arsen, Antimon und Tellur zu den Halbmetallen gezählt. Doch auch Kohlenstoff, Aluminium, Selen, Polonium und Astat werden manchmal dazu gerechnet.

Arsen

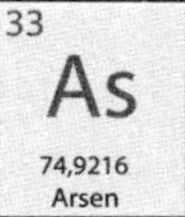

Kategorie: Halbmetall
Ordnungszahl: 33
Farbe: grau

Schmelzpunkt: Nicht bekannt
Sublimationspunkt: 616 °C (1141 °F)
Entdeckt: Antike

Seine Verbindungen sind als Insektenvernichter, Färbemittel, Holzschutz und Tierfutter eingesetzt worden, als Heilmittel gegen Syphilis, Krebs und Schuppenflechte, bei Feuerwerk und (in Verbindung mit Gallium) als Halbleiter. Trotzdem wird der Name Arsen bis in alle Ewigkeit synonym mit seiner geschichtlichen Verwendung als tödliches Gift gebraucht werden.

Jahrhundertelang war es nahezu unmöglich, bei einer Leiche eine Vergiftung durch Arsen nachzuweisen, ganz gleich, ob der Tod durch eine einzige hohe Dosis oder durch zahlreiche geringe Dosen über einen längeren Zeitraum erfolgt war – erst ab 1836 gab es ein Verfahren per Haaranalyse. Bekannt war es seit dem auch als »Erbpuder«, da es häufig verwendet wurde, um reiche Verwandte aus dem Weg zu räumen. Die Borgia waren dafür bekannt, sich ihren Reichtum per Arsen verschafft zu haben – Papst Alexander VI. und seine beiden Kinder Cesare und Lucrezia waren für die Morde an zahlreichen reichen Bischöfen und Kardinälen verantwortlich (deren Besitz im Todesfall an den Papst überging).

Magische Alchemie

Alchemisten werden häufig als durchgeknallte Möchtegernzauberer dargestellt, die merkwürdige Ansichten über Gold vertraten. Tatsächlich waren sie ganz einfach die Chemiker ihrer Zeit, die zu verstehen versuchten, woraus die Welt um sie herum bestand – vielleicht kann man leichter verstehen, woher ihre merkwürdigen Annahmen rührten, wenn man weiß, wie viele Metalle oder metallische Substanzen durch überaus wahnwitzige Prozesse hergestellt werden können. In den Schriften des Universalgelehrten des 13. Jahrhunderts Albertus Magnus findet sich eine Beschreibung davon, wie er weißes Arsen (das ein wenig wie weißer Stein oder Pudersand aussieht) mit Olivenöl erhitzte, sodass die graue, metallische Form von Arsen dabei rauskam – wie durch Magie!

Bei den alten Ägyptern war Arsen in Form einer gelben, kristallinen Sulfitverbindung namens Orpiment bekannt. Die Chinesen setzten es nachweislich schon vor fünfhundert Jahren als Insektenvernichter ein, und Paracelsus (jener Alchemist, der auch als Vater der modernen Toxikologie bezeichnet wird) schrieb ebenfalls von der Herstellung metallenen Arsens. Orpiment wurde als Farbpigment in einer geschichtlich bedeutsamen Farbe namens Parisgrün oder Scheelesgrün verwendet – heute ist bekannt, dass Napoleons Wohnung auf St. Helena in seinem letzten Exil mit einer Tapete jener Färbung dekoriert war, die bei Feuchtigkeit oder Moder Arsengas abgab, sodass spekuliert wird, ob dies mit seinem Tod in Zusammenhang stehen könnte (auch wenn es dafür keine abschließenden Beweise gibt).

Arsen entsteht zumeist als Nebenprodukt von Kupfer- oder Bleiabbau, und hat zahlreiche Formen. Das graue (oder metallene) Arsen ist ein spröder, halbmetallischer Feststoff, der manchmal in reiner Form gefunden werden kann, jedoch zumeist zu Arsenoxid oxidiert (wobei ein ziemlich unangenehmer Geruch entsteht, der an Knoblauch erinnert – bevor es bessere Tests gab, war ebenjener Geruch vielleicht ein flüchtiger Hinweis darauf, dass jemand mit Arsen vergiftet worden war).

Selen

Kategorie: Nichtmetall
Ordnungszahl: 34
Farbe: metallisch grau
Schmelzpunkt: 221 °C (430 °F)
Siedepunkt: 685 °C (1265 °F)
Entdeckt: 1817

Viele Elemente sind auf der einen Seite ein wichtiger Bestandteil der menschlichen Ernährung und auf der anderen Seite giftig, wenn man zu viel davon zu sich nimmt. So zum Beispiel beim Selen – für den menschlichen Körper ist es zur Produktion bestimmter Enzyme unerlässlich (wir nehmen es über diverse Lebensmittel zu uns, darunter Nüsse und Thunfisch). Jüngste klinische Studien legen nahe, dass zunehmend ein Selenmangel für eine geringere Spermienanzahl bei Männern verantwortlich ist (ausgelöst dadurch, dass selenhaltige Nahrungsmittel wie Innereien weniger beliebt sind als früher). Die Probanden, die ein selenhaltiges Nahrungsergänzungsmittel erhielten, konnten eine deutlich höhere Spermienanzahl vorweisen als die Kontrollgruppe. In zu stark erhöhter Dosierung kann Selen jedoch zu schlechtem Atem, Haarausfall, brüchigen Nägeln, Müdigkeit und geistiger Verwirrung führen, bis hin zu einer tödlichen Leberzirrhose. Allerdings tötet es ebenfalls (in der Form von Selensulfit) den Fungus auf der Kopfhaut ab, der zu Schuppen führt – sodass man es in unbedenklicher Dosierung häufig in Anti-Schuppen-Shampoos findet.

Bitte nicht zu Hause nachmachen!

Jöns Jacob Berzelius selbst hielt sich nicht an diese ikonische Warnung vor wissenschaftlichen Experimenten. Viele seiner bahnbrechenden Experimente führte er in der Küche seiner Wohnung durch, die sich in Stockholm in der Nybrogatan Ecke Riddargatan befindet.

Selen wurde 1817 von Jöns Jacob Berzelius entdeckt. Er untersuchte die chemische Zusammensetzung eines rötlichen Pulvers, das sich in Räumen bildete, in denen Schwefelsäure hergestellt wurde. Nachdem er es zunächst fälschlicherweise für Tellur gehalten hatte (siehe S. 138), wurde ihm klar, dass es ein neues Element enthalten müsse, das er nach Selene benannte, der griechischen Mondgöttin. (Berzelius musste am eigenen Leib erfahren, dass Selen zu schlechtem Atem führen kann: Durch die Arbeit mit dem Element bekam er Mundgeruch!) Selen kann auch als silbrig metallische Substanz daherkommen, sodass manche Chemiker es als ein Halbmetall einstufen.

Heutzutage wird Selen hauptsächlich Glas hinzugefügt, entweder, um den Grünstich zu entfernen oder um es rötlich bronzefarben aussehen zu lassen, je nachdem, wie man es beimengt. In diversen Verbindungen wird es für Photovoltaikzellen, Solarzellen und Kopierer verwendet, um Rohre herzustellen (zusammen mit Messing) und um synthetisches Gummi widerstandsfähiger zu machen.

Brom

Kategorie: Halogen
Ordnungszahl: 35
Farbe: dunkelrot
Schmelzpunkt: –7 °C (19 °F)
Siedepunkt: 59 °C (138 °F)
Entdeckt: 1826

Brom ist eines der wenigen Elemente, die unter normalen atmosphärischen Bedingungen flüssig sind. Es ist dunkelrot, ölig und giftig, zudem stinkt es (das griechische Wort *bromos* bedeutet Gestank). Entdeckt wurde es 1826 von Antoine-Jérôme Balard: Er nahm dazu Meerwasser, ließ es größtenteils verdampfen und leitete schließlich Chlorgas hindurch. Durch diesen Vorgang verdampft das Brom und kann als orangerote Flüssigkeit aufgefangen werden, und Balard erriet ganz richtig, dass es sich um ein neues Element handelte. Meerwasser, ganz besonders das des Toten Meeres, enthält Bromide (also ein Bromatom mit negativer Ladung).

Purpur – Ein Statussymbol

Purpur aus der phönizischen Stadt Tyros, ein Farbstoff, der aus einem Sekret der Meeresschnecke *Bolinus brandaris* (auch bekannt als Herkuleskeule) gewonnen wurde, war einst ein Zeichen von großem Reichtum und Macht – die Produktion der langanhaltenden, lebhaften Farbe war teuer, da tausende Schnecken erforderlich waren, um winzige Mengen herzustellen. Die prachtvollen Togen der römischen Kaiser wurden mit diesem Purpur gefärbt, und der heute sprichwörtliche »Rote Teppich«, der ausgerollt wird, rührt daher, dass der Verlierer kriegerischer Auseinandersetzungen in jenen Zeiten als Zeichen der Unterwürfigkeit dem Sieger seinen roten Mantel zu Füßen legte. Chemisch handelt es sich beim Farbstoff Purpur übrigens um *6,6'-Dibromindigo.*

Bis vor wenigen Jahrzehnten fand Brom in vielen Bereichen Anwendung – Fotografen machten sich die Lichtempfindlichkeit von Silberbromid zunutze, Kaliumbromid wurde als Beruhigungsmittel eingesetzt, verbleites Benzin enthielt Dibromomethan, und mit Bromomethan (auch bekannt als Methylbromid) wurden Böden ausgeräuchert. Für manche dieser Vorgänge wurden mittlerweile bessere Alternativen gefunden, manche wurden gar verboten – das Montreal-Protokoll, in dem FCKWs verboten wurden, forderte auch eine Reduktion vieler Bromverbindungen, da Bromatome ebenfalls die Atmosphäre schädigen. Für manche Verwendungen von Bromomethan gestaltet sich eine Alternativlösung jedoch schwierig: Vielerorts wird es noch immer zur Schädlingsbekämpfung in Böden eingesetzt, oder um Holz zu behandeln, das transportiert werden muss. Bromverbindungen werden weiterhin häufig für feuerfeste Plastikhüllen verwendet, beispielsweise für Laptops, oder in Feuerlöschern.

Krypton

Kategorie: Edelgas
Ordnungszahl: 36
Farbe: farblos
Schmelzpunkt: –157 °C (-251 °F)
Siedepunkt: –153 °C (-244 °F)
Entdeckt: 1898

Noch bevor William Ramsay und Morris Travers 1898 Neon entdeckten, hatten sie bereits das vierte Mitglied der Edelgasgruppe entdeckt: Krypton. Hierfür hatten sie Argon verflüssigt und verdampft, um zu sehen, ob ein schwererer Bestandteil zurückbleiben würde. Aus 15 Litern Argon gewannen sie 25 cm² eines Gases. Als sie es im Spektrometer testeten, stellte sich heraus, dass es sich tatsächlich um ein neues Element handelte, das sie nach dem griechischen Wort *kryptos* benannten, das »verborgen« bedeutet, da es sich im Argon versteckt hatte.

Krypton ist ein geruchs- und farbloses Gas, das (abgesehen von Fluorgas) nicht dazu tendiert, mit anderen Elementen zu reagieren. Die Erdatmosphäre besteht (vom Volumen her) nur zu einem Millionsten daraus. Krypton wurde benutzt, um energiesparende fluoreszierende Glühbirnen zu füllen und um das Farbspektrum von Neonlichtern zu erweitern. Kryptonfluorid wurde für die Herstellung von Lasern verwendet.

Kryptonit entdeckt!

In dem Film *Superman Returns* von 2006 lautet die chemische Formel für Kryptonit (Supermans einzige »Schwachstelle«) Natrium-Lithium-Bor-Silikat-Hydroxid mit Fluor. Damit liegt es bemerkenswert nahe an dem Mineral Jadarit, das ein Jahr später entdeckt wurde – wobei denjenigen Wissenschaftlern, die mit der Aussage um die Aufmerksamkeit der Massenmedien buhlten, man habe »echtes« Kryptonit gefunden, vermutlich entgangen war, dass das neue Mineral kein Fluor enthielt, und schaurig grün leuchtete es schon gar nicht. Knapp daneben ist definitiv auch vorbei.

Während des Kalten Krieges wurde das Isotop Kr-85 von Wissenschaftlern der westlichen Welt eingesetzt, um ihre Gegenspieler hinter dem Eisernen Vorhang auszuspionieren: Nuklearreaktoren geben das Isotop in relativ konstanten Mengen ab, sodass den Forschern klar wurde, dass man die Menge schätzen konnte, die von westlichen Reaktoren ausgestoßen wurde, und wenn man sie von der Gesamtmenge abzog, ließ sich relativ gut abschätzen, welches Level an nuklearer Aktivität die Länder unter russischem Einfluss erreicht hatten.

Zu guter Letzt war Kryptonit natürlich die Inspiration für den Planeten Krypton, das fiktive Zuhause von Superman (ebenso wie Supergirl und Krypto, dem Superhund) aus den original DC Comics, und den vielen Filmen und Comics, die daraus entstanden sind.

Rubidium

Kategorie: Alkalimetall

Ordnungszahl: 37

Farbe: silbrig weiß

Schmelzpunkt: 39 °C (102 °F)

Siedepunkt: 688 °C (1270 °F)

Entdeckt: 1861

Nicht nur die Edelgase (die Spalte am rechten Rand des Periodensystems) haben viele Eigenschaften gemeinsam, ihre mangelnde Reaktionsfreudigkeit beispielsweise. Auch die Elemente am linken Rand, in der Gruppe 1, ähneln einander: Es sind weiche Metalle mit niedrigem Schmelzpunkt, die höchst reaktionsfreudig sind. Manchmal führen Chemielehrer in der Schule die starke Reaktion von Lithium oder Natrium mit Wasser vor, doch Rubidium (das bei relativ geringen Temperaturen flüssig wird) würde zu einer weitaus dramatischeren – und gefährlicheren – Reaktion führen. Es kann sich an der Luft spontan entzünden und muss aus diesem Grund entweder in einem Vakuum oder einem anderen Gas wie Argon verwahrt werden. Bei Kontakt mit Wasser findet augenblicklich eine Explosion statt, die so heftig ist, dass der dabei freigesetzte Wasserstoff verbrennt.

Das Alkalimetall bietet eine Handvoll ziemlich interessanter Anwendungsbereiche: Eines seiner Isotope ist das radioaktive Rubidium-87. Es hat eine Halbwertszeit von

50 Milliarden Jahren: Wenn man also bedenkt, dass der Urknall nur etwa 14 Milliarden Jahre her ist, handelt es sich hier um einen unfassbar langsamen radioaktiven Zerfall. Im Zerfallsprozess bildet es Strontium-87, eine Eigenschaft, durch die es sich eignet, um das Alter von Gestein akkurat festzustellen: Im Spektroskop vergleicht man hierzu den Anteil von Rubidium und Strontium.

Der Bunsenbrenner und das Spektroskop

Für den unwahrscheinlichen Fall, dass man gefragt wird, was diese beiden genialen wissenschaftlichen Instrumente gemeinsam haben, lautet die Antwort: Robert Bunsen. Denn er erfand nicht nur den Bunsenbrenner, sondern war (im selben Jahr, nämlich 1859) auch Miterfinder (zusammen mit Gustav Kirchhoff) des Spektroskops, das seither geholfen hat, viele neue Elemente zu bestimmen. Bereits 1961 hatte es den beiden ermöglicht, Cäsium und Rubidium zu entdecken – letzteres in einem Mineral namens Lepidolith. Sie benannten es nach dem lateinischen *rubidus* (dunkelrot), da sich im Spektrum des Minerals lebhafte, dunkelrote Linien zeigten.

Rubidium wird ebenfalls (genau wie Cäsium) für Atomuhren verwendet, in denen elektromagnetische Wellen mit der Aktivität von Elektronen abgestimmt werden, während sie um das Atom kreisen und stoßweise Strahlung abgeben. Im menschlichen Körper kommt Rubidium nicht vor, doch selbst wenn, wäre es harmlos, da wir es leicht ausscheiden können – man hat Rubidium sogar verwendet, um zu erforschen, wie sich Kalium durch den Körper bewegt (da unsere Körper die beiden Elemente genau gleich behandeln), und das radioaktive Isotop Rubidium-82 wurde dafür verwendet, Gehirntumore zu lokalisieren.

Strontium

Kategorie: Erdalkalimetall

Ordnungszahl: 38

Farbe: silbrig grau

Schmelzpunkt: 777 °C (1431 °F)

Siedepunkt: 1377 °C (2511 °F)

Entdeckt: 1790

Im späten 18. Jahrhundert entdeckte man in einer Bleimine nahe des Dorfes Strontian, das am Ufer des Loch Sunart im Westen der schottischen Highlands liegt, einen merkwürdigen Stein. Er wurde zur Analyse nach Edinburgh geschickt, wo der Wissenschaftler Thomas Charles Hope bewies, dass er ein neues Element enthalten müsse, und noch hinzufügte, es ließe die Flamme einer Kerze rot brennen. (Strontium, wie es später genannt wurde, isolierte Humphry Davy schließlich im Jahr 1808).

Tatsächlich ist einem dieses Element vermutlich in Form roter Flammen am geläufigsten – die roten bengalischen Fackeln, die man in Fußballstadien häufig sieht, erhalten ihre Farbe durch Strontium, ebenso wie andere rote Feuerwerkskörper. In metallischer Form ähnelt es den anderen Metallen aus Gruppe 2, darunter Beryllium, Magnesium und Calcium: Es ist weich und reagiert leicht zu Oxiden. Und man findet es ausschließlich in Mineralverbindungen – eine davon ist Zölestin (oder Strontiumsulfat), das im 18. Jahrhundert im englischen West Country entdeckt wurde (wo die Dorfbewohner es sogleich nutzten, um ihre Gartenwege zu verschönern).

Das radioaktive Isotop Strontium-90 wurde seit den Atomtests 1945 hergestellt – ein problematisches Isotop, da es durch Wiesen und Molkereiprodukte in die Nahrungskette gelangen kann, wo unser Körper es für Calcium hält und in Zähnen und Knochen speichert. Es ist eine jener schädlichen Substanzen, die 1986 bei dem Unfall in Tschernobyl freigesetzt wurde und sich über Russland und Teile Europas verteilte.

Doch die Ähnlichkeit zu Calcium hat auch zum positiven medizinischen Einsatz von Strontium geführt: In der Krebstherapie wird es als radioaktiver Tracer verwendet (der den Ärzten ermöglicht, Zellenbewegungen und andere Prozesse innerhalb des Körpers zu überwachen), und das nicht-radioaktive Salz Strontiumranelat kann zur Behandlung von Osteoporose beitragen, da es den Verfall alter Knochen verlangsamt und die Produktion neuer Knochen anregt.

Yttrium

Kategorie: Übergangsmetall
Ordnungszahl: 39
Farbe: silbrig weiß

Schmelzpunkt: 1522 °C (2772 °F)
Siedepunkt: 3345 °C (6053 °F)
Entdeckt: 1828

Ytterby ist ein Dorf auf der schwedischen Insel Resarö, die heute hauptsächlich aus Wohngebieten besteht (mit dem Auto ist man in etwa einer halben Stunde in Stockholm). Früher jedoch lag hier die produktivste Mine des Landes, in der Feldspat (für Porzellan) und Quarz abgebaut wurden. Zufälligerweise ist es auch der Ort, nach dem die meisten Elemente benannt wurden!

1787 fand Carl Axel Arrhenius (ein Soldat und Hobby-Chemiker) einen schwarzen Mineralklumpen, der zwar nicht sonderlich interessant aussah, jedoch ungewöhnlich schwer war. Später wurde das Mineral »Gadolinit« genannt (manchmal auch »Ytterbit«). Der schwedische Chemiker Johan Gadolin stellte fest, dass 38 % des Gesteins neue, unbekannte »Erde« sein müssten (also ein unbekanntes Oxid), das sich durch Verbrennung mit Kohle oder andere herkömmliche Methoden einfach nicht reduzieren ließ.

Erst 1828 gelang es Friedrich Wöhler, dem Oxid das pure Element zu entreißen, und zwar durch eine sehr viel heftigere Reaktion mit Kalium, um den Sauerstoff herauszulösen und so reines Yttrium herzustellen. (Es hat sich herausgestellt, dass das Element auf dem Mond in sehr viel größerer Menge vorhanden ist als auf der Erde – Astronauten haben erhebliche Vorkommen in Mondgestein mitgebracht.) Wie wir sehen werden, versteckten sich noch drei weitere unbekannte Element in dem Gadolinit, und, was noch erstaunlicher ist: Drei weitere Elemente wurden aufgrund dieser neuen Erkenntnisse entdeckt (siehe S. 156).

Yttrium ist ein weiches, silbriges Metall, das mit Vorsicht behandelt wird, für gewöhnlich wird es in Stickstoff verwahrt, da es bei Kontakt mit Luft verbrennt. Man kann damit Aluminium- und Magnesiumlegierungen verstärken, es wird für Mikrowellenfilter in Röntgenmaschinen verwendet, sowie in LED-Leuchten und Lasern. Yttriumoxid wird Glas beigemischt, damit es resistenter gegen Hitze und Erschütterungen wird – beispielsweise wird es in kugelsicherem Glas eingesetzt. Auch besteht gerade großes wissenschaftliches Interesse an Yttrium-Barium-Kupferoxid (YBCO). In den 1980er-Jahren bewiesen amerikanische Chemiker, dass es bei der ungewöhnlich hohen Temperatur von 95° über absolut Null (–178 °C) zu einem Supraleiter wird (was bedeutet, es leitet Elektrizität ohne Energieverlust). Theoretisch würde uns dies ermöglichen, billigere Kernspintomographen zu bauen, da YBCO als Supraleiter bestehen könnte, während flüssiger Stickstoff anstatt des teureren flüssigen Heliums verwendet würde, doch bevor dies umgesetzt werden kann, müssen noch einige technische Probleme gelöst werden.

Zirconium

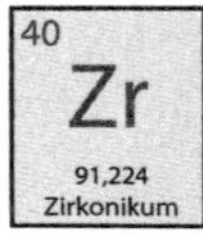

Kategorie: Übergangsmetall
Ordnungszahl: 40
Farbe: silbrig weiß

Schmelzpunkt: 1855 °C (3371 °F)
Siedepunkt: 4409 °C (7968 °F)
Entdeckt: 1789

Bereits seit mehr als zweitausend Jahren kennen wir einen goldenen Edelstein, der im Arabischen *zargun* genannt wird, im Deutschen Zirkon. Heutzutage wird dieser Schmuckstein künstlich hergestellt – er ist dichter und glitzert stärker als Diamanten, ist jedoch nicht so hart. Tatsächlich wurde zunächst angenommen, es handle sich um einen minderwertigen Diamanten – erst 1789 schaffte es Martin Klaproth Zirconia (oder Zirconiumoxid) aus einem Zirkon zu lösen, wodurch das Element entdeckt wurde, und 1824 gelang es Berzelius, echtes Zirconium zu isolieren. Das Metall ist hart, leicht, silbrig und höchst korrosionsresistent. (Darüber hinaus glitzert es sehr hübsch, wenn man Späne oder Staub davon in die Flamme eines Bunsenbrenners wirft, wie eine etwas spektakulärere Variante desselben Experimentes mit Eisenspänen, das vermutlich jeder aus dem Chemieunterricht kennt.)

In der Keramikindustrie wird Zirconium für die Pigmente in Tonglasuren eingesetzt, und, was noch wichtiger ist, in besonders widerstandsfähiger Keramik, die selbst höchsten Temperaturen standhält (in Form von Zirconiumoxid). Ein Schmelztiegel aus diesem Material kann glühend heiß in kaltes Wasser getaucht werden, ohne dabei in Mitleidenschaft gezogen zu werden. Diese ultraharte Keramik wird auch für Messer, Goldschläger und Schneidewerkzeuge verwendet. Zusätzlich wird das Oxid für Kosmetika, Deodorants und Mikrowellenfilter eingesetzt.

Die wichtigste Verwendung von Zirconium findet jedoch in Kernkraftwerken statt. In Metallform absorbiert es keine Neutronen, sodass es in den Hüllen der Reaktorflüssigkeit und anderen Bauelementen von Atomreaktoren verwendet wird – leider kann Zirconium hierdurch auch eine tragische Rolle bei Reaktorunfällen spielen. Bei sehr hohen Temperaturen reagiert es mit Dampf, wobei Wasserstoff entsteht (der wiederum explodiert), ebenso wie Zirconiumoxid (das die darin enthaltenen Brennstäbe kollabieren lässt) – dies war 1986 eine der fatalen Reaktionen in Tschernobyl. Während sich der Reaktor bis auf ungekannte Temperaturen erhitzte, entstand durch die Zirconiumreaktion ein Zyklus, der die Temperaturen höher und höher steigen ließ, was schließlich zum Super-GAU führte.

Niob

Kategorie: Übergangsmetall

Ordnungszahl: 41

Farbe: stumpfes Grau

Schmelzpunkt: 2477 °C (4491 °F)

Siedepunkt: 4744 °C (8571 °F)

Entdeckt: 1801

Vielleicht ist Ihnen schon aufgefallen, dass es gewisse Zeitspannen gibt, in denen besonders viele Elemente entdeckt wurden. Eine davon war die Zeit nach Mendelejews Veröffentlichung des Periodensystems, da Chemiker gezielt nach den »fehlenden Elementen« suchten. Etwas früher, Ende des 18. Jahrhunderts, führten Lavoisiers Gesetz der Massenerhaltung (1789) und Prousts Gesetz der konstanten Proportionen (1799) dazu, dass John Dalton die Atomtheorie formulierte und größeres Interesse für die Vorstellung von »Elementen« weckte.

All dies legte auch den Grundstein für die Entdeckung des Niobs – 1801 begann der Chemiker Charles Hatchett im British Museum eine Probe des Minerals Kolumbit genauer unter die Lupe zu nehmen. Durch seine Experimente kam er zu dem Schluss, es enthielte ein neues Element, das er Kolumbium nannte. Andere zweifelten seine Ergebnisse an und argumentierten, es handle sich um Tantal (das im Folgejahr eigenständig entdeckt worden war.) 1844 bewies jedoch der deutsche Chemiker Heinrich Rose, dass Kolumbit zwei Elemente enthält (Tantal und Niob, das er nach Niobe, der Tochter König Tantalus' aus der griechischen Sage benannte).

Es handelt sich um ein stählernes graues Metall, das extrem korrosionsresistent ist, da es eine dicke Oxidschicht bildet. Es wird in zahlreichen Legierungen verwendet, besonders im rostfreien Stahl, und verbessert die Widerstandsfähigkeit von Legierungen, die bei geringen Temperaturen eingesetzt werden sollten. Auch wurde es bereits in Raketen- und Flugzeugtriebwerken, auf Bohrinseln und für Gasleitungen verwendet.

Niob hätte eine wesentliche Rolle in unserem Alltag spielen können, da es ursprünglich das Metall war, das aufgrund seines hohen Schmelzpunktes für die Drähte in Glühbirnen vorgesehen war – es wurde jedoch schnell durch Wolfram ersetzt, das noch höheren Temperaturen standhält.

Molybdän

Kategorie: Übergangsmetall
Ordnungszahl: 42
Farbe: silbrig weiß
Schmelzpunkt: 2623 °C (4753 °F)
Siedepunkt: 4639 °C (8382 °F)
Entdeckt: 1781

Obwohl Molybdän ein Element ist, das den meisten Menschen weitgehend unbekannt sein dürfte, spielt es eine überraschend wichtige Rolle für das menschliche Leben: In Pflanzen und Tieren finden sich zahlreiche Enzyme, eines davon ist Nitrogenase, das in Bakterien vorkommt, die in den Wurzeln von Pflanzen leben, von Bohnen beispielsweise. Sie absorbieren Stickstoff aus der Luft und geben Ammoniak ab – eine Schlüsselfunktion in einem Prozess namens »Stickstofffixierung«, durch den Stickstoff in eine Form verwandelt wird, die von Menschen und Tieren verdaut werden kann. Wir benötigen diesen Stickstoff, damit unser Körper Proteine herstellen kann. Was wiederum bedeutet, dass wir ohne Spurenelemente von Molybdän in unserer Umwelt nicht überleben könnten.

Das Element spielt auch eine zentrale Rolle in der Herstellung von sogenanntem Moly-Stahl, einer Stahllegierung, der Molybdän hinzugefügt wird. Die ersten britischen Panzer, die im Ersten Weltkrieg an der Westfront eingesetzt wurden, waren mit etwa zehn Zentimeter dicken Manganstahlplatten verkleidet, die unmittelbaren Einschlägen dennoch nicht standhielten. Man ersetzte sie durch Molybdänstahlplatten, die nur etwa drei Zentimeter dick (und insofern leichter) waren, sich jedoch als weit widerstandsfähiger erwiesen. Moly-Stahl kommt auch beim Bau aufwändiger Konstruktionen zum Einsatz, beispielsweise von Hochhäusern oder Brücken.

Der Name des Elementes leitet sich vom griechischen Wort *molybdos* ab, was »Blei« bedeutet: In natürlicher Form findet man es nicht, und das Erz, in dem es hauptsächlich vorkommt, Molybdenit, wird häufig mit Bleierz oder Grafit verwechselt, denen es sehr ähnlich sieht. Carl Wilhelm Scheele bemerkte 1778, dass es sich weder um Blei noch um Grafit handelte. Sein Freund Peter Jacob Hjelm führte seine Arbeit 1781 erfolgreich weiter und isolierte das Element, ein silbrig glänzendes Metall, indem er sich einer Methode bediente, die an alchemistische Magie erinnert: Er zerrieb Kohle mit Molybdänsäure und verwandelte das Ganze mit Leinsaatöl in eine Paste. Diese erhitzte er, bis sie glühte, wodurch das Metall hervortrat.

Heute werden winzige Mengen an Molybdän für Heizofenfilament, Raketen und Boilerschutzanstriche verwendet, sowie als Katalysator für Erdölraffinerie. Molybdänsulfite sind die Hauptzutat für Schmiermittel, die bei hohen Temperaturen hitzebeständiger sind als erdölbasierende Schmiermittel wie WD-40.

Technetium

Kategorie: Übergangsmetall

Ordnungszahl: 43

Farbe: silbrig grau

Schmelzpunkt: 2157 °C (3915 °F)

Siedepunkt: 4265 °C (7709 °F)

Entdeckt: 1937

Hier haben wir die Substanz, mit der die Geschichte von Mendelejews fehlenden Elementen ihre Vollendung findet. Nachdem Scandium, Gallium und Germanium entdeckt worden waren, wurden zahlreiche Versuche unternommen, das Element Nummer 43 zu identifizieren und zu isolieren, das Mendelejew Eka-Mangan getauft hatte. Doch bis 1937 blieben die Versuche erfolglos. Erst die italienischen Wissenschaftler Carlo Perrier und Emilio Segrè entdeckten es an der Universität von Palermo auf Sizilien auf unerwartete Art und Weise. Segrè hatte den Teilchenbeschleuniger an der Universität Berkeley in Amerika besucht, dessen Erbauer Ernest Lawrence ihm ein Stück Molybdänfolie schickte, die in seinem Teilchenbeschleuniger mit Deuteronen bombardiert worden war (also mit Nuclei von Deuteronenzellen, die ein Proton und ein Neutron enthalten). Es gelang den beiden Forschern, zwei radioaktive Isotope eines neuen Elementes zu isolieren, das sie Technetium nannten. Die Entdeckung sorgte für Kontroversen, da zu jener Zeit die Herstellung »künstlicher« Elemente noch als eine Art Betrug angesehen wurde, sodass das neue Element keine breite Anerkennung fand. Heute wissen wir, dass sämtliche Isotope des Elementes radioaktiv sind, was bedeutet, dass es hauptsächlich bei nuklearen Reaktionen in Sternen geformt wird (darüber hinaus hat Technetium eine sehr kurze Halbwertszeit, sodass sämtliches Technetium, das beim Urknall entstanden wäre, schon längst zerfallen und vor langer Zeit verschwunden wäre).

Die Fortschritte, die während des Zweiten Weltkriegs im Bereich der Kernphysik gemacht wurden, ebenso wie die Entdeckung des Plutoniums, das ähnlich künstlich ist, führten schließlich dazu, dass diese Meinung revidiert wurde: »The Making of the Missing Chemical Elements« von Professor F. A. Paneth war eine zentrale Veröffentlichung, die die Forschergemeinschaft davon überzeugte, dass man zwischen künstlich hergestellten Elementen und Elementen, die natürlich vorkommen, keinen Unterschied machen sollte, darüber hinaus plädierte er dafür, dass jeder Entdecker eines jeden neuen Isotops eines Elementes das Recht habe, ihm einen Namen zu geben. Bald darauf reagierten Perrier und Segrè mit einer versöhnlichen Antwort, in der sie für ihre Entdeckung den Namen Technetium vorschlugen, das sich aus dem griechischen Wort für »künstlich« ableiten lässt. Schlussendlich wurde es als vollwertiges Element akzeptiert.

Dass schließlich im Jahr 1972 natürliche Technetium-Vorkommen entdeckt wurden, birgt eine gewisse Ironie – Geologen fanden heraus, dass es in Uranvorkommen in der Erde Gabuns in Afrika eine spontane atomare Reaktion gegeben hatte, durch die noch geringe Technetium-Mengen vorhanden waren. Das Technetium, das heute hergestellt wird, wird aus aufgebrauchten Brennstäben gewonnen und hauptsächlich (in Form von »Technetium-99m«) für medizinische Bildgebung eingesetzt: Das Isotop verbindet sich mit Krebszellen, sodass mit seiner Hilfe Tumore im Körper entdeckt werden können.

Ruthenium

Kategorie: Übergangsmetall

Ordnungszahl: 44

Farbe: silbrig weiß

Schmelzpunkt: 2334 °C (4233 °F)

Siedepunkt: 4150 °C (7502 °F)

Entdeckt: 1844

Ruthenium ist ein silbrig glänzendes Metall, das am häufigsten gemeinsam mit anderen Platinmetallen in Mineralien wie Pentlandit und Pyroxinit gefunden wird. (Die sechs Platinmetalle bilden eine viereckige Gruppe im Periodensystem und haben ähnliche Eigenschaften: Es handelt sich um Ruthenium, Rhodium, Palladium, Osmium, Iridium und Platin.) Hauptsächlich wird es mit Nickel oder Platin abgebaut, doch ist Ruthenium auf der Erde ein äußerst seltenes Metall – nur etwa zwölf Tonnen werden pro Jahr abgebaut.

Ruthenium wurde vermutlich zum ersten Mal von dem polnischen Chemiker Jędrzej Śniadecki in südamerikanischen Platinerzen entdeckt: 1808 behauptete er, ein neues Metall entdeckt zu haben, das er Vestium nennen wollte. Doch als andere Forscher seine Arbeit wiederholen wollten, fanden sie das Metall nicht, sodass er schließlich aufgab, sich für dessen Entdecker zu erklären.

1825 behauptete der deutsche Chemiker Gottfried Osann, drei neue Elemente in Platinerzen aus dem Ural entdeckt zu haben: Er nannte sie Pluranium, Polinium und Ruthenium. Bei den ersten beiden irrte er sich, doch Karl Karlovich Klaus von der Universität von Kazan bestätigte schließlich in den 1840er-Jahren die Existenz von Ruthenium und behielt Osanns Namensgebung bei (die auf dem etwas archaischen Namen Ruthenia basierte, einem Gebiet, das das moderne Russland einschließt.)

Ruthenium wird in Legierungen verwendet, um Platin und Palladium härter zu machen. Legierungen mit diesen und anderen Metallen finden sich (beispielsweise) in Schmuck, Elektrokontakten, Solarzellen und Chipwiderständen. Der berühmte Füllfederhalter Parker 51 hat eine Goldfeder mit einer Spitze aus 96 % Ruthenium (legiert mit Iridium).

Rhodium

Kategorie: Übergangsmetall
Ordnungszahl: 45
Farbe: silbrig weiß

Schmelzpunkt: 1964 °C (3567 °F)
Siedepunkt: 3695 °C (668 3°F)
Entdeckt: 1803

Unsere Straßen wären sowohl in der Stadt als auch auf dem Land wesentlich ungesündere Orte, gäbe es nicht Rhodium, eines der seltensten nicht-radioaktiven Elemente. Die Katalysatoren in Autos führen diverse Oxidations- und Reduktionsprozesse durch, um giftige Gase und Umweltgifte zu saubereren Emissionen in den Auspuffgasen umzuwandeln. Palladium und Platin kommen hier ebenfalls zum Einsatz, doch Rhodium spielt eine zentrale Rolle in der Umwandlung von 80 % der Stickstoffoxide in harmlosen Sauerstoff und Stickstoff.

Grüne Chemie

Ryoji Noyori ist ein inspirierendes Beispiel dafür, wie Chemiker positiv auf die Welt einwirken können. Er ist ein Fürsprecher der Grünen Chemie: Sie will nachhaltige Produkte und Verfahren entwerfen, die den Gebrauch giftiger Substanzen minimieren. In einem kürzlich erschienen Artikel argumentierte er, »unsere Fähigkeit, gradlinige und praktische chemische Synthesen zu entwickeln, ist unmittelbar mit dem Überleben unserer Spezies verknüpft.«

Entdeckt hat es 1803 William Wollaston – er arbeitete gemeinsam mit Smithson Tennant an einem Versuch, Platin zu veredeln und anschließend zu verkaufen. Nachdem sie Platin in einer als *aqua regia* (oder Königswasser) bekannten, stark ätzenden Säuremischung aufgelöst hatten, untersuchte Smithson Tennant die dadurch entstehenden Überreste (siehe S. 171), während Wollaston mit der Platinlösung weiterarbeitete. Er entzog ihr das Platin sowie Palladium (siehe nächster Eintrag) durch Präzipitation (oder Fällung), was bedeutet, dass einer Lösung ein Feststoff entzogen wird. Was übrig blieb, war Natrium-Rhodiumchlorid, das hübsche, rosarote Kristalle bildete, die den Namen des Elementes inspirierten, denn er leitet sich vom griechischen *rhodon* ab: rosarot. Schließlich extrahierte er das Metall aus dieser Verbindung.

Rhodium wird in Legierungen mit Platin in Thermoelementen verwendet, als Hülle für Glasfasern und als Material für Elektrokontakte. Die Chemie-Industrie nutzt es häufig als Katalysator, nicht nur in Automobilen. Es begegnet uns beispielsweise häufig, wenn etwas nach Minze schmeckt. Früher dienten hierfür Pfefferminzpflanzen, doch der Nobelpreisträger Ryoji Noyori, ein japanischer Chemiker, hat ein hochwertiges Verfahren zu Mentholherstellung entwickelt, das auf Rhodiumkatalyse basiert.

Palladium

Kategorie: Übergangsmetall
Ordnungszahl: 46
Farbe: silbrig weiß

Schmelzpunkt: 1555 °C (2831 °F)
Siedepunkt: 2963 °C (5365 °F)
Entdeckt: 1803

Im 18. Jahrhundert fanden brasilianische Minenarbeiter ab und an *ouro podre*, was so viel heißt wie »wertloses Gold«. Dabei handelte es sich um eine natürliche Legierung aus Gold und Palladium – letzteres fand man gelegentlich auch in Reinform, doch als Element identifiziert wurde es erst 1803. Zur selben Zeit, als William Wollaston das Rhodium entdeckte, indem er es aus Platin fällte, produzierte er ebenfalls eine kleine Menge Palladium. Seine erste Reaktion war jedoch nicht, dies in der Welt der Wissenschaft bekannt zu machen.

Stattdessen schrieb er ein Pamphlet, in dem er seine Entdeckung anpries, und verkaufte das Metall in einem Laden auf der Gerrard Street in Soho. Er betitelte es »Palladium; oder, das Neue Silber«, und bot Proben für »je fünf Shilling, eine halbe Guinee oder eine Guinee« an. Erst als andere Chemiker seine Behauptung anzweifelten und bemerkten, es handle sich sicher nur um eine Platinlegierung, publizierte er seine Methode.

Genau wie Rhodium wird auch Palladium in Katalysatoren für Autos verwendet. Es lässt sich gut dazu nutzen, nicht oder nur teilweise verbrannte Kohlenwasserstoffe zu reduzieren, bevor sie in die Atmosphäre ausgestoßen werden. Auch in der Elektroindustrie ist es weit verbreitet, beispielsweise für Keramikkondensatoren (die aus dünnen Keramik- und Palladiumschichten bestehen). *Ouro podre* wird heute höher geschätzt als in vergangenen Zeiten – »Weißgold« ist eine beliebte Alternative für Schmuck und wird am häufigsten aus Gold- und Palladiumlegierungen hergestellt.

Palladium wurde mehr als einmal als potenzielle Lösung all unserer Energieprobleme gepriesen. 1989 behaupteten die amerikanischen Forscher Martin Fleischmann und Stanley Pons, sie hätten mithilfe einer Platinanode und einer Palladiumkathode Deuteriumoxid (auch Schwerwasser genannt) elektrolysiert und so durch eine Kernschmelzereaktion Energie erzeugt. Dies wäre ein erstaunlicher Durchbruch gewesen, stellte sich jedoch als illusorisch heraus, da sich das Ergebnis nicht wiederholen ließ.

Ebenso birgt Palladium die Möglichkeit, das Problem großangelegter Wasserstoffverwahrung zu lösen (für zukünftige Brennstoffzellen). Es hat eine merkwürdige Eigenschaft: Seine Struktur absorbiert Wasserstoffmoleküle, wo sie sich im Metall verteilen und auf einem bis zu tausendfach kleineren Raum komprimiert werden. Palladium ist derzeit noch zu teuer, als dass diese Eigenschaft gewinnbringend genutzt werden könnte, doch wenn es möglich wäre, eine billigere Verbindung herzustellen, eine Legierung oder ein Palladiumprodukt, das sich ähnlich verhält (quasi als Wasserstoffschwamm), könnte es sich in der Zukunft als überaus nützlich erweisen.

Silber

Kategorie: Übergangsmetall

Ordnungszahl: 47

Farbe: silber (ist ja logisch)

Schmelzpunkt: 962 °C (1764 °F)

Siedepunkt: 2162 °C (3924 °F)

Entdeckt: Frühgeschichte

Silber findet sich auch in der Natur in Reinform, sodass wir dieses schöne, glänzende Metall bereits seit über 10000 Jahren kennen. Vermutlich wurde es zum ersten Mal um etwa 3000 v. Chr. von den Chaldäern aus Erzen auf dem Gebiet der antiken Türkei und Griechenland gewonnen, und zwar durch »Kupellierung«. Bei dieser Methode werden flüssige Metallerze in einem Gefäß erhitzt, über das Luft geleitet wird – die anderen, reaktiveren Metalle oxidieren, und das flüssige Silber wird isoliert.

Seit jener Zeit wurde Silber für Münzen oder edle Haushaltsgegenstände verwendet. Häufig wurde es durch Zugabe von Kupfer oder anderer Metalle verstärkt, dann kennt man es als Sterling Silber. Im Gegensatz zu seinem kostbaren Cousin, dem Gold, reagiert Silber mit seiner Umwelt – es wird nach und nach dunkler und stumpfer, da es mit Schwefel reagiert und sich so auf der Oberfläche eine Silbersulfidschicht bildet, die regelmäßig wegpoliert werden muss. Dennoch wurde es seit jeher hoch geschätzt.

Wer sowohl Spiegel als auch Selfies mag, sollte wissen, dass Silber eine Schlüsselrolle darin gespielt hat, diese Methoden der Selbstbewunderung zu entwickeln. Da es reflektiert, war es historisch das am meisten verwendete Metall in Spiegeln (heutzutage wird hierzu in der Regel das günstigere Aluminium verwendet). 1727 mischte Johann Heinrich Schulze (ein deutscher Wissenschaftler) eine Schlämme aus Kreide und einem Silbernitratsalz und stellte fest, dass es sich im Licht schwarz färbte. Nachdem er ein wenig mit Schablonen herumexperimentiert hatte, um Bilder zu erzeugen, hatte er den Grundstein für die Wissenschaft der Fotografie gelegt – die Trennung und Verbindung von Ionen auf der Oberfläche der Mixtur erzeugte hellere und dunklere Stellen (auch wenn Schulz noch nicht in der Lage war, seine Bilder zu fixieren). Erst 1840 fand Henry Fox Talbot heraus, wie sich die Bilder auf Papier fixieren ließen, das durch Gallussäure mit Silberiodid beschichtet war, und so stand der Fotografie nichts mehr im Wege.

Moderne Selfies werden natürlich digital gemacht, ohne dass diese ursprünglichen chemischen Prozesse von Nöten wären, trotzdem kann man sich ruhig einen Moment Zeit nehmen, um wertzuschätzen, was für eine magische Entdeckung diese Prozesse damals waren. Und selbst in unserer Zeit findet Silber immer neue Anwendungsmöglichkeiten: So ist es beispielweise möglich, auch mit Handschuhen auf unseren Handys herumzuscrollen, wenn in die Fingerspitzen Silberfäden eingewirkt sind – dann kann man den Touchscreen benutzen, ohne kalte Finger zu bekommen.

Cadmium

Kategorie: Übergangsmetall

Ordnungszahl: 48

Farbe: silbrig blau

Schmelzpunkt: 321 °C (610 °F)

Siedepunkt: 767 °C (1413 °F)

Entdeckt: 1817

Cadmium ist eine giftige Substanz, die zu Geburtsfehlern und Krebs führen kann, ebenso wie zu der Krankheit, die in Japan *itai-itai* genannt wird (was aua-aua bedeutet, da die Erkrankten an Gelenkschmerzen leiden). In den 1960er-Jahren gab es im Flussbecken des Jinzū einen schlimmen *itai-itai*-Ausbruch, als die Reisernte durch eine nahegelegene Zinkmine verunreinigt wurde. Unser Körper hat einen gewissen Schutzschild gegen Cadmiumvergiftungen, doch wird ein bestimmter Punkt überschritten, kann es sehr gefährlich werden. Cadmium ist häufig ein Nebenprodukt von Zink, dem es sehr ähnlich ist. Auf gewisse Weise ähnelt es auch Quecksilber, und alle drei Elemente stehen im Periodensystem untereinander.

Zum ersten Mal wurde es 1817 entdeckt, nachdem deutsche Apotheker Zinkoxid herstellten, indem sie ein natürliches Zinkcarbonat namens Cadmia erhitzten und feststellten, dass das Oxid manchmal eher farblos als von reinem Weiß war. Friedrich Stromeyer, der damals Apothekeninspektor war, forschte nach und isolierte ein braunes Oxid, das er anschließend zu einem neuen Metall reduzierte, indem er es mit Kohlenstoff erhitzte.

Cadmium wurde im Laufe der Zeit vielseitig eingesetzt: Beispielsweise wurde damit das Farbpigment Cadmiumgelb hergestellt (eine Lieblingsfarbe Monets), ebenso konnte es durch Zugabe anderer Substanzen wie Schwefel oder Selen zu Braun, Rot und Orange gemacht werden. Des Weiteren wurde es verwendet, um Auflaufformen ihre hübsche orangerote Farbe zu geben (in Form von Cadmiumsulfid).

Alte Batterien und Braunsche Röhren in alten Farbfernsehern enthielten Cadmium. Und auch heute wird es für wieder aufladbare Nickel-Cadmium-Batterien verwendet. Da es Neutronen absorbiert, wird es in Kernreaktoren eingesetzt. Und viele Bauteile schwerer Maschinerie, beispielsweise auf Ölbohrinseln, enthalten Cadmium. Im Allgemeinen wird versucht, die meisten Anwendungen dieses giftigen Stoffes zu ersetzten. Umso erstaunlicher, dass es noch immer Menschen gibt, die es freiwillig im Zigarettenrauch einatmen – andere wiederum verschmutzen die Umwelt, indem sie ihre alten Nickel-Cadmium-Batterien nicht ordnungsgemäß entsorgen.

Indium

Kategorie: Metall
Ordnungszahl: 49
Farbe: silbrig grau
Schmelzpunkt: 157 °C (314 °F)
Siedepunkt: 2072 °C (3762 °F)
Entdeckt: 1863

Indium-Zinn-Oxid ist eine extrem nützliche Verbindung: Sie ist bei Licht durchsichtig, leitet Strom und geht mit Glas eine starke Verbindung ein. Dies bedeutet, dass sie perfekt für Flachbildschirme verwendet werden kann (also LCD-Bildschirme von Computern – das Akronym steht für Liquid Crystal Display). Es ermöglicht einzelnen Pixeln, Signale zu empfangen, ohne dass das Licht anderer Pixel davon beeinflusst wird.

Diese Eigenschaft hat in den letzten Jahren zu einem starken Anstieg des Indiumpreises geführt. Es ist ein relativ seltenes Metall, die Erdkruste besteht nur zu etwa einem Millionstel daraus (Indium ist also in etwa so selten wie Silber). Früher hatte es kaum Anwendungsfelder, 1924 beispielsweise lag die Fördermenge weltweit noch bei wenigen Gramm, wohingegen es mittlerweile über 1000 Tonnen pro Jahr sind (etwa die Hälfte stammt aus Recyclingquellen). Es werden bereits Stimmen laut, dass die Indiumversorgung in den nächsten zehn Jahren versiegen könnte. Vielleicht ist dies allerdings etwas übertrieben –

noch immer gibt es größere Vorkommen des Metalls, und steigende Preise bedeuten häufig, dass die Händler sich kreativere Fördermethoden einfallen lassen.

Indium ist ein leicht giftiges, weiches, silbriges Metall, das ungewöhnlich klebrig ist (aus diesem Grund wird es in seiner reinen Form als Lötmittel verwendet, denn es klebt fest an anderen Metallen) und hat viele High-Tech-Verwendungen. Wenn man ein Stück dieses Metalls verbiegt, gibt es ähnliche »Schreie« von sich, wie man es von Blech kennt – wobei es sich eher um eine Art Knistern handelt, es ist das Geräusch, das die Moleküle machen, wenn sie sich neu anordnen. Man kann Indium bei geringen Temperaturen verarbeiten, sodass es in Kryopumpen und Werkzeugen verarbeitet wird, die dafür gemacht sind, bei Temperaturen nahe absolut Null zum Einsatz zu kommen. In Legierungen kann es andere Metalle signifikant beeinflussen – eine Legierung aus Gold und Indium beispielsweise ist sehr viel härter als gewöhnliches Gold. Die Verbindungen Indiumgalliumarsenid und Kupferindiumgalliumselen kommen auch bei Solarzellen zum Einsatz.

Das Metall wurde nach der Farbe Indigo benannt – der deutsche Chemiker Ferdinand Reich fand es in zinkreichen Mineralien, und sein Kollege Hieronymus Richter entdeckte anschließend im Spektroskop den Vorboten eines neuen Elementes: einen leuchtenden indigoroten Streifen. (Später zerstritten sich die beiden Männer, da Richter behauptete, er allein habe das Element entdeckt.)

Zinn

Kategorie: Metall
Ordnungszahl: 50
Farbe: silbrig weiß
Schmelzpunkt: 232 °C (449 °F)
Siedepunkt: 2602 °C (4716 °F)
Entdeckt: Antike

Zinn spielt in unserer Geschichte eine überaus wichtige Rolle. Es ist ein weiches Metall mit niedrigem Schmelzpunkt, das nicht durch Oxidation korrodiert. Schon vor etwa 10 000 Jahren wurde es verwendet, doch der wahre Durchbruch kam, als Metallarbeiter etwa 3500 v. Chr. herausfanden, wie man Zinn und Kupfer zu Bronze verarbeiten konnte. Schon vor dieser Zeit waren Metalle geschmolzen und extrahiert worden, doch dies war die erste bedeutsame Legierung.

Schnell stellte sich heraus, dass Bronze die Vorteile beider Metalle in sich vereinte – es war härter als Zinn, schmolz jedoch bei geringeren Temperaturen als Kupfer, sodass es sich einfacher verarbeiten ließ. Später wurde Zinn auch mit Blei, Kupfer und Antimon zu Hartzinn legiert, und wurde verwendet, um Eisenwaren zu »verzinnen«, damit sie nicht rosteten.

Das Metall war über die nächsten Jahrtausende ein überaus bedeutsames wirtschaftliches Gut, das in diversen Förderstätten im Mittelmeerraum und in Cornwall abgebaut wurde, was einer der Gründe hinter der römischen Invasion von England gewesen sein könnte (das chemische Zeichen »Sn« leitet sich vom lateinischen *stannum* ab).

Zwar oxidiert Zinn nicht, doch es kann der sogenannten »Zinnpest« anheimfallen, einem Prozess, durch den es zu grauem, pudrigem Staub zerfällt. Dieser setzt bei Temperaturen unter 10 °C ein, verschlimmert sich jedoch deutlich bei Temperaturen ab –30 °C. Dieser Umstand wird für zwei historische Desaster verantwortlich gemacht: Während Napoleons gescheitertem Russlandfeldzug 1812 sollen die Knöpfe an den Uniformen seiner Soldaten im kalten Winter zu Staub zerfallen sein, sodass ihren Problemen mit Erfrierungen nicht mehr beizukommen war. Und als sich Kapitän Robert Falcon Scott und seine Begleiter vom Südpol auf den Rückweg begaben (Roald Amundsen hatte in vor ihnen erreicht), kehrten sie zu einem Proviantlager zurück, stellten jedoch fest, dass etwas Paraffin durch winzige Löcher in den Blechbüchsen eingetreten war – sie alle starben im Nachhinein, da sie dem Stoff ausgesetzt gewesen waren.

Viele Glocken und Orgelpfeifen werden noch immer aus Zinn hergestellt (meist in Bleiverbindungen), und es ist weiterhin ein wichtiger Bestandteil in vielen Verbindungen, denjenigen beispielsweise, die fürs Löten verwendet werden (um Metallteile miteinander zu verbinden). Auch in der Glasproduktion findet es Anwendung – das geschmolzene Glas schwimmt auf einem Bett aus flüssigem Zinn, um eine glatte Fläche zu erhalten. Und noch heute mögen Kinder Blechspielzeug (das mittlerweile zumeist Made in China ist).

Antimon

Kategorie: Halbmetall
Ordnungszahl: 51
Farbe: silbrig
Schmelzpunkt: 631 °C (1167 °F)
Siedepunkt: 1587 °C (2889 °F)
Entdeckt: etwa 1600 v. Chr.

Antimon findet auf diverse Art und Weise seit mindestens 5000 Jahren Verwendung. Im 19. Jahrhundert wurde auf dem Gebiet des heutigen Irak ein Stück eines Antimon-Artefakts der Sumerer gefunden – manchmal wird es als Teil einer Vase beschrieben, was unwahrscheinlich ist, Antimon ist zu spröde, als dass es sich zu einem Gefäß formen ließe. Das Mineral Stibnit (eine schwarze Form des Pigments Antimonsulfid) wurde von den Ägyptern bereits etwa 1600 v. Chr. als schwarzer Schminkpuder zum Färben von Augenbrauen und -lidern benutzt (auch als Khol bekannt). Das chemische Zeichen Sb leitet sich von *stibium* ab, dem lateinischen Wort für Stibnit. In der biblischen Beschreibung des berühmt berüchtigten bösen Mädchens Jezebel heißt es, sie habe in einem letzten Akt der Rebellion »ihre Augen mit Khol umrandet und ihr

Haar frisiert«. Das Farbpigment Bleigelb-Antimonit wurde von den Babyloniern zur Einfärbung von Schmuckziegeln verwendet.

Im Mittelalter war Antimon vorwiegend wegen seiner angeblichen Qualitäten als Heilmittel bekannt. Obwohl es sich um eine recht giftige Substanz handelt, wurde es als Brech- und Abführmittel verwendet. Der »Antimonkrieg« des 17. Jahrhunderts war eine furiose Debatte, die sich aus dem Interesse des hoch angesehenen Arztes und Alchemisten Paracelsus für den Stoff ergab. Ein deutscher Schriftsteller, der sich als der Mönch »Basilius Valentinus« ausgab, pries seine vielen Anwendungsfelder in dem Buch »Triumphwagen des Antimon« an. Er gab zu, der Stoff sei giftig, und behauptete, der Name leite sich von »Anti-Monk« ab – es war dafür bekannt, dass Mönche damit vergiftet wurden –, doch gleichzeitig behauptete er, mithilfe der Alchemie eine ungiftige Variante herstellen zu können. Übrigens ist bereits nahegelegt worden, Medikamente, die das Element enthielten, könnten für den Tod des Komponisten Mozart verantwortlich gewesen sein.

Heute wird Antimon hauptsächlich in der Elektroindustrie verwendet (beispielsweise in Halbleitern, Dioden und, legiert mit Indium, Infrarotsensoren). Man kann es mit weicheren Metallen wie Blei legieren, um sie härter zu machen, traditionell wurde es für die Herstellung von Hartzinn gebraucht, in dem Kupfer und Antimon das Zinn und Blei härteten, und eine Legierung von Blei und Antimon kann zur Herstellung von Projektilen oder Schriftmetall (das man in alten Druckerpressen findet) verwendet werden. Auch in einer Reihe feuerfester Materialien wie Anstrichfarbe und Email findet man Antimon.

Tellur

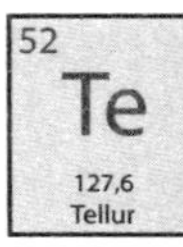

Kategorie: Übergangsmetall

Ordnungszahl: 52

Farbe: silbrig weiß

Schmelzpunkt: 449 °C (814 °F)

Siedepunkt: 988 °C (1810 °F)

Entdeckt: 1783

Tellur ist ein Element, dessen zukünftiger Abbau in den Sternen steht. Traditionell wurde es in Legierungen verwendet – beispielsweise mit Kupfer, Blei und rostfreiem Stahl –, um sie härter, leichter zu verarbeiten oder resistenter zu machen. Auch zur Vulkanisierung von Gummi kann man es verwenden, oder um Glas zu färben. Doch der größte Anstieg in der Nachfrage hat sich durch seine Verwendung in wiederbeschreibbaren CDs und DVDs und Solarzellen ergeben, denn es kann in der Verbindung Cadmiumtellurid sehr effizient Energie speichern.

Das Problem liegt darin, dass Tellur ein Nebenprodukt der Kupferherstellung ist – man gewinnt es aus dem »Anodenschleim«, der durch den elektrolytischen Raffinierungsprozess entsteht. Die Kupferproduktion hat in den letzten Jahren abgenommen, und auch die Methoden haben sich verändert (da unterschiedliche Kupfertypen abgebaut werden). Dies hat auch die Tellurversorgung beeinflusst, und der Preis ist deutlich gestiegen.

Tellur wird für gewöhnlich in Form eines dunkelgrauen Puders hergestellt, obwohl es als Halbmetall auch in glänzender, silberner Metallform vorkommt. Es ist leicht giftig – genau wie Selen –, und kann im Umgang damit zu widerlichem Knoblauchatem führen und die Hände unangenehm schwarz färben. Passenderweise wurde es in Transsylvanien entdeckt: Der österreichische Mineraloge Franz Joseph Müller von Reichenstein fand ein glänzendes Erz, das sich als Goldtellurid herausstellte und nicht, wie er vermutet hatte, Antimon oder Bismut. Er bewies, dass es ein neues Element enthielt, doch seine Arbeit erhielt erst weitreichende Anerkennung, als er eine Probe an den deutschen Chemiker Martin Klaproth schickte, der die Richtigkeit seiner Ergebnisse bestätigte.

Zu jener Zeit war gerade der Planet Uranus entdeckt worden. Der alten Tradition folgend, das die sieben bekannten Himmelskörper mit einem Metall in Verbindung ständen, (die Sonne beispielsweise wurde mit Gold in Verbindung gebracht, der Mond barg angeblich Silbererze in seinem Boden, der Mars Eisen und so weiter), verband Klaproth das altgriechische Wort für »Erde«, *tellus*, mit der ersten Silbe des Uranus, sodass sich »Tellur« ergab.

Jod

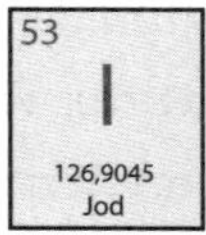

Kategorie: Halogen
Ordnungszahl: 53
Farbe: schwarz (in Gasform lila)

Schmelzpunkt: 114 °C (237 °F)
Siedepunkt: 184 °C (364 °F)
Entdeckt: 1811

Früher litten in bestimmten Regionen viele Menschen an einem Kropf – einer deutlich sichtbaren Schwellung am Hals. Dieselben Regionen wiesen ebenfalls eine erhöhte Rate an Lernbehinderungen auf (ganz besonders eine Krankheit, die früher unglücklicherweise als »Schwachsinn« bezeichnet wurde). Diese Regionen waren häufig inländisch gelegen, weit entfernt vom Meer, sodass frühe medizinische Schreiber vermuteten, darin läge eventuell der Grund.

Die mittelalterlichen Ärzte Galen und Roger von Salerno empfahlen, den Kropf mit Meeresschwämmen oder Algen zu behandeln – in chinesischen Texten aus derselben Zeit finden sich ähnliche Behandlungsmethoden. Paracelsus vermutete, es gebe im Meerwasser ein Mineral, das die Krankheit verhindere. Sie alle waren des Rätsels Lösung durchaus auf der Spur, doch die genauen Zusammenhänge wurden erst später klar. 1811 stellte der französische Chemiker Bernard Courtois Salpeter her (also Kaliumnitrat), indem er für die Kaliumgewinnung Seegrasasche einsetzte. Nachdem er Schwefelsäure hinzugefügt hatte, stieg überraschend lilafarbener Dampf auf, der zu schwarzen Kristallen kondensierte. Schnell stellte sich heraus, dass er der Entstehung eines neuen Elementes, sowohl als Gas als auch als Feststoff, beigewohnt hatte, dem Jod (dessen Name sich vom griechischen Wort für Violett ableitet, *iodes*). (Weitläufig wird übrigens angenommen, sogar von Chemikern, dass Jod sublimiert und insofern keinen flüssigen Zustand hat – doch tatsächlich gibt es eine geringe Temperaturspanne, in der Jod eine stabile flüssige Form annimmt, doch es kann schnell von fest zu gasförmig werden, wenn man es erhitzt.)

Jod ist recht giftig und explosiv, sodass es mit Vorsicht behandelt werden muss. Jedoch findet es wirtschaftlich Verwendung – in den Anfängen der Fotografie wurde es für Daguerreotypien verwendet, heutzutage für Desinfektionsmittel, Tierfutter, Tinten und Farben. Wie andere Halogene formt es ein stabiles Ion, genannt Iodid, das im Meerwasser in vielen Verbindungen vorkommt, beispielsweise in Kaliumiodid. So gelangt es in unbedenklicher Form in die Nahrungskette des Menschen, durch Meeresfrüchte und Pflanzen, die es durch die Gicht absorbieren.

So wurde das uralte Rätsel gelöst. Nach einigen durchaus gefährlichen Experimenten mit Jod wurde entdeckt, dass sich der Kropf mit Kaliumjodid erfolgreich behandeln ließ. Und in der entwickelten Welt wurde der »Schwachsinn« weitgehend ausgelöscht, als unbedenkliche Mengen Jod routinemäßig dem Speisesalz zugefügt wurden. Die Schilddrüse braucht Jod – zu viel oder zu wenig davon kann zu gesundheitlichen Problemen führen, beispielsweise einem Jodmangel, der in vielen Entwicklungsländern noch immer ein Problem darstellt.

Xenon

Kategorie: Edelgas
Ordnungszahl: 54
Farbe: farblos
Schmelzpunkt: −112°C (−169°F)
Siedepunkt: −108°C (−163°F)
Entdeckt: 1898

Für Sir William Ramsay und seinen Kollegen Morris Travers war 1898 ein bemerkenswertes Jahr. Nachdem sie vier Jahre zuvor Argon entdeckt hatten, bescherte es ihnen durch ihre weiteren Experimente mit Luft die Entdeckung von Krypton und Neon. Doch das war noch nicht alles – der Industriechemiker Ludwig Mond stellte ihnen eine Maschine zur Herstellung flüssiger Luft zu Verfügung, und sie experimentierten weiter. Am 12. Juli nutzten sie ein Vakuumgefäß, um einige Argon- und Kryptonreste zu entfernen, als sie eine kleine mit Gas gefüllte Blase bemerkten, die zurückblieb. Sie behandelten sie mit Kaliumhydroxid, um ihr jedwedes Kohlenstoffdioxid zu entziehen, und erhielten schließlich eine winzige Probe in einem Vakuumröhrchen. Sie gab bei Erhitzung einen hübschen blauen Schein ab, und zeigte im Spektroskop ein sehr anderes Ergebnis als Krypton. Die beiden Männer schlussfolgerten, dass sie ein neues Element entdeckt hatten, und benannten es (nachdem sie festgestellt hatten, dass sämtliche Begriffe für »blau« bereits belegt waren) Xenon, nach dem griechischen Wort für »Fremder«.

Xenon ist ein schweres Gas. Es ist faszinierend zu beobachten, wie schnell ein Luftballon, der damit befüllt wird, zu Boden sinkt. (Man sollte damit jedoch zurückhaltend umgehen, denn Xenon ist in der Herstellung sehr teuer.) Lange Zeit wurde Xenon für absolut träge gehalten, bis der britische Chemiker Neil Bartlett mit seinem Team in Kanada ein brillantes Experiment durchführte, das bewies, dass Xenon eine Verbindung mit Fluor und Platin eingehen kann. Daraufhin wurden noch andere Verbindungen entdeckt – unter den richtigen Bedingungen reagiert es mit Gold, Wasserstoff und Schwefel. Allerdings sind diese Verbindungen allesamt instabil und tendieren dazu, sehr schnell zu oxidieren.

Daraus ergibt sich, dass Xenon derzeit hauptsächlich in Reinform verwendet wird. In Autos wird es für Scheinwerfer eingesetzt, um augenblickliche Beleuchtung zu gewährleisten, ebenso wie in elektronischen high-speed Blitzröhren für Fotografie und in manchen Lasern und Sonnenbänken. Theoretisch wäre es wie jede Art von Lachgas ein effektives Anästhetikum, wäre jedoch derzeit zu teuer für einen derartigen Einsatz. Und dann gibt es noch sogenannte Xenon Ion Propulsion Systems, was ein wenig nach einem Science-Fiction-Roman klingt, jedoch eine spezielle Technologie bezeichnet, mit der man Satelliten steuern kann. Das System ionisiert Xenonatome und beschleunigt sie auf etwa zwanzig Meilen pro Sekunde, bevor es sie ausstößt und den Satelliten somit durchs Weltall bewegt.

Cäsium

Kategorie: Alkalimetall

Ordnungszahl: 55

Farbe: silbrig goldfarben

Schmelzpunkt: 28 °C (83 °F)

Siedepunkt: 671 °C (1240 °F)

Entdeckt: 1860

Cäsium wäre ein wunderbares Element, um damit herumzuexperimentieren, wäre es nicht so außergewöhnlich reaktionsfreudig. Flüssig wird es kurz über Raumtemperatur und kann insofern mit den Händen geschmolzen werden. Es ist eines von nur drei goldenen Metallen (neben Kupfer und natürlich Gold), die goldene Farbe verschwindet jedoch in den hundert prozentig reinen Proben, da sie von Sauerstoffspuren verursacht wird. In hochreinem Zustand ist Cäsium ein silbrig glänzendes Metall. Das Problem ist, dass Cäsium extrem stark mit Luft reagiert, sodass man es in Öl oder trägen Gasen wie Argon lagern muss, und wenn man es in Wasser wirft, ist es noch explosiver als die anderen Alkalimetalle, also Lithium, Kalium, Natrium und Rubidium. (Eine Erklärung dafür, warum Cäsium noch etwas reaktiver als das schwerere Alkalimetall Francium ist, findet sich auf S. 194)

Wie bereits erwähnt haben Robert Bunsen und Gustav Kirchhoff das von Kirchhoff erfundene Spektroskop dazu verwendet, 1861 das Rubidium zu entdecken. Zu diesem Zeitpunkt hatten sie Cäsium bereits entdeckt – sie hatten eine Mineralwasserprobe studiert, als sie unerwartete blaue Linien im Spektrum sahen, die auf ein neues Element hindeuteten, das sie nach dem griechischen Wort für »himmelblau« benannten. Es gelang ihnen, Cäsiumchlorid zu produzieren, doch es sollte noch zweiundzwanzig Jahre dauern, bis eine Cäsiumprobe aus flüssigem Cäsiumcyanid isoliert wurde (und zwar von Theodor Setterberg an der Universität Bonn).

Eine Sekunde

Sollten Sie einmal nach der international anerkannten Definition einer Sekunde gefragt werden, merken Sie sich einfach Folgendes: 1967 wurde die offizielle Definition vom Büro für Maß und Gewicht auf 9 192 631 770 Zyklen der Strahlung festgesetzt, die ein Cäsium-133-Atom dazu bringt, zwischen zwei Energiezuständen zu vibrieren. Easy!

Cäsiumverbindungen werden als Bohrflüssigkeit und zur Herstellung von optischem Glas eingesetzt. Am häufigsten findet man es allerdings in Cäsiumuhren – es hat Rubidium für diesen Zweck abgelöst. Das Prinzip, das hinter einer Atomuhr steckt, ist die Frequenz der wechselnden Energielevel, die vom Magnetfeld eines Nukleus ausgelöst werden, und das stabile Isotop Cäsium-133 ist dafür derzeit der beste Kandidat (auch wenn sowohl Rubidium, Strontium und, theoretisch, Ytterbium ebenfalls in Frage kämen).

Barium

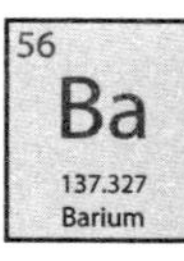

Kategorie: Erdalkalimetall

Ordnungszahl: 56

Farbe: silbrig goldfarben

Schmelzpunkt: 729 °C (1344 °F)

Siedepunkt: 1845 °C (3353 °F)

Entdeckt: 1808

Wer einmal das Pech hatte, eine Mahlzeit oder einen Einlauf mit Barium über sich ergehen lassen zu müssen, hat daran sicherlich keine schönen Erinnerungen: Da es ein schweres Element ist, zeigt es sich deutlich auf Röntgenaufnahmen, sodass es häufig verwendet wird, um Krankheiten der Verdauungsorgane oder der Speiseröhre zu diagnostizieren. Dann wird eine Bariumsulfatsuspension (Baryt) verabreicht, mit Geschmacksrichtungen wie Erdbeere oder Pfefferminz, die das Ganze erträglicher machen sollen (ohne Erfolg). Der Vorteil von Bariumsulfid ist, dass es nicht wasserlöslich ist, sodass es vom Körper vollständig ausgeschieden wird. Lösliche Bariumsalze sind recht giftig, dieser Umstand ist also von zentraler Bedeutung. Bariumcarbonat wurde als Rattengift verwendet, während Bariumacetat, das aus einem Chemieraum gestohlen wurde, sogar zur Mordwaffe wurde: 1993 vergiftete eine Teenagerin aus Texas, Marie Robards, damit ihren Vater.

Bariumsulfat, ein weißes, leicht durchsichtiges Erz, findet sich als ungewöhnlich schweres Gestein in der Natur. Im 17. Jahrhundert entdeckte der Schuhmacher Vincenzo Casciarolo aus Bologna einen Stein, der im Dunkeln leuchtete, wenn man ihn tagsüber ausreichend erhitzte. Zunächst erregte ihn der Gedanke, durch diesen Stein (der *lapis solaris* oder Bolognastein genannt wird) ließe sich auf irgendeinem Weg Gold herstellen, doch dann stellte er sich als schnödes Baryt heraus.

Barium findet sich nur in Verbindungen, da es an der Luft höchst reaktionsfreudig ist – beispielsweise in dem Erz Witherit (Bariumcarbonat). Es gab Versuche, das Element aus diesen Erzen zu gewinnen, indem man es mit Kohlenstoff einschmolz, die nicht von Erfolg gekrönt waren, doch 1808 gelang es Humphry Davy, das weiche, gräuliche Metall durch die Elektrolyse von Bariumhydroxid zu isolieren. Sein Name kommt von dem griechischen Wort *barys*, also »schwer«. Baryt ist auch als »Schwerspat« bekannt und wird in der Erdölindustrie als Beschwerungsmittel im Bohrschlamm eingesetzt, um Ölquellen zu bauen.

Barium kommt noch anderorts zum Einsatz, beispielsweise in der Herstellung von Farbe und Glas. Feuerwerkskörpern verleiht es grüne Farbe. Die faszinierende Verbindung YBCO (Yttriumbariumkupferoxid, siehe S. 113), die als Supraleiter bei recht hohen Temperaturen gebraucht werden kann, ist gerade von großem wissenschaftlichem Interesse. Und Baryt spielt für Meeresbiologen eine interessante Rolle: Denn es ist nicht wasserlöslich und bleibt Millionen von Jahren stabil, sodass uns die Ansammlungen dieses Erzes in Sedimenten entscheidende Informationen darüber liefern können, wie produktiv das Phytoplankton im Meer in bestimmten Phasen der Vergangenheit unseres Planeten war.

Die Lanthanoide

Bei den Lanthanoiden handelt es sich um eine Elementenfolge, die als eigenständiger Streifen unter dem restlichen Periodensystem angeordnet ist. Sie sind auch (zusammen mit Scandium und Yttrium) als »Metalle der seltenen Erden« bekannt, da sie alle aus ihren Oxiden isoliert wurden (die auch als »Erden« bezeichnet werden) und aus seltenen Mineralien stammen (auch wenn die Elemente an sich größtenteils nicht sehr selten sind). Sie werden aufgrund ihrer Ähnlichkeit in einer einzigen Reihe des Periodensystems zusammengefasst, und weil es bei der Platzierung ihrer Elektronen einen gewissen Clou gibt: Sie alle haben auf der äußersten Schale dieselbe Anzahl von Elektronen, also auf der Schale, die mit anderen Atomen reagiert und insofern die chemischen Eigenschaften des Elementes festlegt. Jedes Lanthanoid hat eine unterschiedliche Anzahl von Elektronen, doch wenn die Ordnungszahl steigt, taucht ein zusätzliches Elektron auf einer der inneren Schalen auf – auf der äußersten bleiben es immer drei Elektronen, sodass sie alle ähnliche Eigenschaften aufweisen.

Man sollte wohl vor keinem Chemiker laut sagen, dieses oder jenes Element sei »langweilig« – wie der Zufall es will, hat derjenige dann Jahre mit einer Doktorarbeit zu einer sekundären Eigenschaft ebenjenes Elementes zugebracht –, doch an dieser Stelle wäre es etwas redundant,

Lanthan (La) Ordnungszahl 57; Schmelzpunkt 920 °C (1688 °F); Farbe: silbrig weiß; Siedepunkt 3464 °C (6267 °F); Entdeckt: 1839
Cer (Ce) Ordnungszahl 58; Schmelzpunkt 795 °C (1463 °F); Farbe: eisengrau; Siedepunkt 3443 °C (6229 °F); Entdeckt: 1803
Praseodym (Pr) Ordnungszahl 59; Schmelzpunkt 935 °C (1715 °F); Farbe: silbrig weiß; Siedepunkt 3529 °C (6368 °F); Entdeckt: 1885
Neodym (Nd) Ordnungszahl 60; Schmelzpunkt 1024 °C (1875 °F); Farbe: silbrig weiß; Siedepunkt 3074 °C (5565 °F); Entdeckt: 1885
Promethium (Pm) Ordnungszahl 61; Schmelzpunkt 1042 °C (1908 °F); Farbe: silber; Siedepunkt 3000 °C (5432 °F); Entdeckt: 1945
Samarium (Sm) Ordnungszahl 62; Schmelzpunkt 1072 °C (1962 °F); Farbe: silbrig weiß; Siedepunkt 1794 °C (3261 °F); Entdeckt: 1879
Europium (Eu) Ordnungszahl 63; Schmelzpunkt 826 °C (1519 °F); Farbe: silbrig weiß; Siedepunkt 1529 °C (2784 °F); Entdeckt: 1901
Gadolinium (Gd) Ordnungszahl 64; Schmelzpunkt 1312 °C (2394 °F); Farbe: silber; Siedepunkt 3273 °C (5923 °F); Entdeckt: 1880
Terbium (Tb) Ordnungszahl 65; Schmelzpunkt 1356 °C (2473 °F); Farbe: silbrig weiß; Siedepunkt 3230 °C (5846 °F); Entdeckt: 1843
Dysprosium (Dy) Ordnungszahl 66; Schmelzpunkt 1407 °C (2565 °F); Farbe: silbrig weiß; Siedepunkt 2562 °C (4653 °F); Entdeckt: 1886
Holmium (Ho) Ordnungszahl 67; Schmelzpunkt 1461 °C (2662 °F); Farbe: silbrig weiß; Siedepunkt 2720 °C (4928 °F); Entdeckt: 1878
Erbium (Er) Ordnungszahl 68; Schmelzpunkt 1529 °C (2784 °F); Farbe: silber; Siedepunkt 2868 °C (5194 °F); Entdeckt: 1842
Thulium (Tm) Ordnungszahl 69; Schmelzpunkt 1545 °C (2813 °F); Farbe: silbrig grau; Siedepunkt 1950 °C (3542 °F); Entdeckt: 1879
Ytterbium (Yb) Ordnungszahl 70; Schmelzpunkt 824 °C (1515 °F); Farbe: silber; Siedepunkt 1196 °C (2185 °F); Entdeckt: 1878
Lutetium (Lu) Ordnungszahl 71; Schmelzpunkt 1652 °C (3006 °F); Farbe: silber; Siedepunkt 3402 °C (6156 °F); Entdeckt: 1907

über jedes einzelne Lanthanoid ausführlich zu schreiben. Stattdessen sehen Sie auf der linken Seite eine Tabelle mit ihren Eckdaten sowie eine Kurzzusammenfassung der wissenswertesten Fakten zu jedem Element der Gruppe.

Generelle Eigenschaften der Lanthanoide

Bei der Mehrheit der Lanthanoide handelt es sich um silbrige Metalle, die weich genug sind, um sie mit dem Messer schneiden zu können. Lanthan, Cer, Praseodym, Neodym und Europium sind hochreaktiv und bilden schnell eine Oxidschicht. Alle anderen Lanthanoide korrodieren schnell, wenn man sie mit anderen Metallen mischt, und werden spröde, wenn sie von Stickstoff oder Sauerstoff kontaminiert werden. Sie reagieren schneller in warmem als in kaltem Wasser, bei der Reaktion entsteht Wasserstoff. Sie tendieren dazu, an der Luft leicht entzündlich zu sein. Man findet die Lanthanoide so gut wie immer in den Mineralien Monazit und Bastnäsit – sie sind dort zu relativ stabilen Anteilen miteinander verbunden (etwa 25–28 % sind Lanthan), wobei die Anteile der Lanthanoide mit höherer Ordnungszahl kleiner und kleiner werden, da sie schwerer und während ihrer bewegten Vergangenheit tiefer in die Erdkruste gesunken sind.

Lanthan

Lanthan wurde 1839 von dem schwedischen Chemiker Carl Gustav Mosander entdeckt und 1923 isoliert. Als Legierung fungiert es genau wie Palladium als »Wasserstoffschwamm«, bei hoher Dichte absorbiert es also das Gas – wobei Lanthan vermutlich zu schwer ist, um diese Eigenschaft wirtschaftlich zu nutzen. Es macht 25 % der Mischmetall-Legierung aus, zu 18 % besteht sie aus Neodym und anderen Lanthanoiden und wird somit für die Funkenerzeugung in Feuerzeugen verwendet. Es kann Phosphor neutralisieren und wird in Gartenteichen verwendet, um das Wachstum von Algen zu unterbinden.

Cer

Cer wurde 1803 von Jöns Jacob Berzelius und seinem Kollegen Wilhelm Hisinger entdeckt. Während die meisten Lanthanoide gemeinsam in Monazit oder Bastnäsit entdeckt wurden, wurde Cer eigenständig in Cersilikat entdeckt, einem Cersalz. Es ist das häufigste Lanthanoid in der Erdkruste und hat einige äußerst umweltfreundliche Eigenschaften: Beispielsweise produziert es ein rotes Pigment, das in Farben sehr viel sicherer ist als jenes, das man aus Cadmium, Quecksilber oder Blei gewinnen kann. Fügt man Treibstoff ein wenig Cer zu, kann es die Anzahl der Verschmutzungspartikel im Abgas reduzieren. Es wird ebenso für die Schutzhülle der Wände in selbstreinigenden Öfen verwendet, da es Kochrückstände in eine ascheähnliche Substanz umwandelt, die sich relativ leicht abwischen lässt. Wenn man ein paar Cerspäne von einem Block schabt oder feilt, entzünden sie sich – eine Eigenschaft, die als »Pyrophorismus« bekannt ist.

Praseodym

Als Carl Gustav Mosander das Lanthan entdeckte, blieb ein Rückstand, von dem er vermutete, dass es sich um ein neues Element handle, das er Didym nannte. 1885 bewies schließlich der österreichische Chemiker Carl Auer von Welsbach, dass es sich um eine Mischung aus (hauptsächlich) zwei Elementen handelte – Praseodym und Neodym. Am häufigsten wird Praseodym für Motorenteile von Flugzeugen eingesetzt, und zwar in einer ultrastarken Legierung mit Magnesium. Wie andere Lanthanoide auch wird es für Elektroden in Kohlelichtbögen für Studiobeleuchtungen verwendet. Darüber hinaus verleiht es Glas und Email eine leuchtend gelbe Farbe und wird für das Schutzglas in Schweißerbrillen verwendet, wo es gelbes Licht und Infrarotstrahlen filtert. Legierungen mit Cobalt und Eisen sind überdies sehr starke Dauermagnete.

Neodym

Neodym, der zweite Bestandteil von Mosanders Didym, wurde 1925 isoliert. Seine wichtigste Verwendung sind extrem starke »NIB-Magneten« (sie werden mithilfe einer Legierung aus Neodym, Eisen und Bor hergestellt). Sie werden häufig für Elektroautomotoren genutzt. Auch Neodym wird für Schweißerbrillen verwendet, ebenso wie für Sonnenbänke, wo es die bräunenden UV-Strahlen durchlässt, nicht jedoch die Infrarotstrahlen. Neodymsalze eignen sich zudem zum Färben von Emaille.

Promethium

Die meisten Elemente mit einer Ordnungszahl, die niedriger als die von Bismut ist (dem chemischen Element mit Ordnungszahl 83, ein sprödes, rötlich graues Metall) haben eine stabile Form. Die zwei Ausnahmen sind Technetium (siehe S. 119) und Promethium, deren Isotope eine Halbwertszeit von höchstens 18 Jahren haben. Von daher gibt es kein natürliches Promethium mehr auf der Erde (auch wenn aus unerfindlichen Gründen große Mengen davon auf einem Stern im Andromeda-System produziert werden). Zum ersten Mal wurde es 1945 in den Spaltprodukten von Uranbrennstoff in einem Atomreaktor entdeckt. Man kann es auch künstlich herstellen, indem man Neodym und Praseodym in einem Teilchenbeschleuniger bombardiert. Aufgrund der nur sehr geringen Verfügbarkeit findet dieses Element nur in kleinsten Mengen technische Verwendung. Kurze Zeit hat es Radium in den leuchtenden Zeigern von Uhren ersetzt, doch heute wird es eigentlich nur noch zu Forschungszwecken verwendet. Allerdings ist es ein weiteres Beispiel dafür, wie das Periodensystem genutzt wurde, um »fehlende Elemente« zu finden, denn die Entdeckung von Promethium wurde 1902 von dem tschechischen Chemiker John Bohuslav Branner vorausgesagt, ebenso wie von Henry Moseley (siehe S. 65): Nachdem er das Periodensystem 1903 neu angeordnet hatte, sagte er voraus, dass die Lücke zwischen Neodym und Samarium irgendwann gefüllt werden würde.

Samarium

Samarium war das erste Element, das (indirekt) nach einem Menschen benannt wurde. Kolonel Samarsky, ein russischer Minenfunktionär, gewährte dem Mineralogen Gustav Rose Zugang zu ein paar Proben, von denen sich eine als ein neues Mineral herausstellte, das er aus Dankbarkeit dem Kolonel gegenüber Samarskit taufte. 1879 extrahierte Paul-Émile Lecoq de Boisbaudran (der Entdecker des Galliums) Didym aus dem Mineral, doch ebenso gelang es ihm, ein neues Element zu gewinnen, das er Samarium nannte. Es wird für spezielle Laser gebraucht, für die Glasproduktion und Beleuchtungen. In einer Legierung mit Cobalt kann man es für starke Magneten verwenden, die allerdings bereits von den »NIB«-Versionen übertroffen werden.

Europium

Europium wurde 1901 von dem französischen Chemiker Eugène-Anatole Demarçay isoliert und benannt, unabhängig voneinander wurde es von verschiedenen Wissenschaftlern entdeckt. Seine nützlichsten Eigenschaften haben mit Lumineszenz zu tun: Leuchtstoffe sind diejenigen Substanzen, die leuchten, wenn sie mit Elektronen stimuliert werden, beispielsweise in früheren Fernsehgeräten. Früher waren rote Leuchtstoffe die schwächsten – wenn man sie jedoch mit einer Prise Europium »dopt«, geben sie sehr viel mehr Licht ab. Europium wird ebenfalls (in einer

Gaskombination) für weiße fluoreszierende Glühbirnen benutzt – außerdem ist es ein Schlüsselelement für die fluoreszierenden Sicherheitsmerkmale auf Eurobanknoten.

Gadolinium

Genau wie Samarium wurde auch Gadolinium aus einer Didym-Probe von Paul-Émile Lecoq de Boisbaudran gewonnen – und zwar 1886, sechs Jahre, nachdem ein Oxid dieses Elementes zum ersten Mal von dem Schweizer Chemiker Jean Charles Galissard de Marignac entdeckt wurde. Es wird häufig für Legierungen benutzt, beispielsweise, um Eisen und Chrom einfacher weiterverarbeiten zu können. Es ist der beste Neutronen-Absorbierer unter den Elementen und kommt daher häufig in Kernreaktoren zum Einsatz. Auch bei Kernspintomographien wird es eingesetzt, da eine injizierte Gadoliniumverbindung die Bildgebung verbessern kann.

Terbium

Wir haben bereits erfahren, dass Yttrium aus einer Mine nahe des schwedischen Dörfchens Ytterby stammte. Noch drei weitere Elemente wurden in Erzen aus jener Gegend gefunden und nach dem Dorf benannt, was zur vermutlich einfallslosesten und verwirrendsten Namensgebung in der Geschichte des Periodensystems geführt hat: Es waren Erbium (1842), Terbium (1842) und Ytterbium (1878). Und es kommt noch dicker, denn drei weitere Elemente verdanken dem Dorf indirekt ihren Namen: Holmium (1878) wurde nach der schwedischen Hauptstadt Stockholm benannt, Thulium (1878) nach Thule, dem mystischen Namen für Skandinavien, und um ein wenig Abwechslung reinzubringen wurde Gadolinium nach Johan Gadolin benannt, der als erster das Mineral aus Ytterby mit dem darin enthaltenen Yttrium entdeckte.

Wer soll da noch mitkommen?

Jedenfalls wird Terbium hauptsächlich in Verbindungen für Solid-State-Geräte, Energiesparlampen, Röntgenmaschinen und Laser gebraucht. Seine interessanteste Verwendungsform ist eine Legierung aus Terbium, Dysprosium und Eisen, die in einem Magnetfeld flach wird. Diese Eigenschaft kann man für Lautsprecher nutzen, die man auf einen flachen Untergrund heftet, eine Fensterscheibe beispielsweise, die dann als Verstärker für den Klang fungiert.

Dysprosium

Dysprosium wurde bei seiner Entdeckung für eine Verunreinigung in einem anderen Lanthanoid gehalten – in diesem Falle Erbium. Es dauerte einige Jahre, bis bewiesen wurde, dass diese angebliche Verunreinigung nicht nur Dysprosium, sondern auch noch mindestens zwei weitere eigenständige Elemente enthielt: Holmium und Thulium. Erst durch einige besonders langwierige und repetitive Experimente gelang es Paul-Émile Lecoq de Boisbaudran, Dysprosium zu isolieren, und so nannte er es nach dem griechischen Wort *dysprositos*, das »unzugänglich« bedeutet. Es kann für die Kontrollbrennstäbe in Atomreaktoren verwendet werden, da es gut Neutronen absorbiert. Weitaus wichtiger ist jedoch, dass es für Legierungen verwendet wird, mit denen man Neodym-basierende Magneten herstellen kann, die selbst bei hohen Temperaturen nicht ihre Magnetkraft einbüßen. Solche Magneten werden in Elektroautos und Windturbinen verbaut, beides wachsende Industriezweige. In den folgenden Jahren könnte es also zu Problemen mit der Dysprosiumversorgung kommen – es ist das teuerste Lanthanoid und heute ebenso schwer zu gewinnen (oder »unzugänglich«) wie zu Zeiten seiner Namensgebung durch de Boisbaudran.

Holmium

Holmium wird hauptsächlich für high-performance-Laser genutzt, mit denen bestimmte Tumorarten vaporisiert werden können, und das bei minimalem Schaden am umliegenden Gewebe – hierzu wird Yttrium-Aluminium-Kristallen eine kleine Menge Holmium beigemischt. Auch für Hochleistungsmagneten wird es verwendet. 2009 behaupteten französische Wissenschaftler medienwirksam, Holmium-Titan-Kristalle entdeckt zu haben, die sich wie Monopole verhielten (also wie hypothetische Partikel mit nur einem magnetischen Pol – Wissenschafts-Nerds interessieren sich für sie, da der mit dem Nobelpreis ausgezeichnete Physiker Paul Dirac behauptet, ihre Existenz sei eine Grundvoraussetzung für die »Große vereinheitlichte

Theorie der Phsyik«). Die Behauptung wurde weitestgehend bestritten, da die beiden Pole der Kristalle nur extrem nahe beieinander lagen, jedoch nicht identisch waren. 2017 stellte IBM die weitaus realistischere und dennoch erstaunliche Behauptung auf, der Konzern habe eine Technik entwickelt, mit der sich Daten im Umfang von einem Bit auf einem einzigen Holmiumatom speichern ließen.

Erbium

In gewissen Formen hat Erbium sehr spezielle optische Fluoreszenzeigenschaften, die für Laser genutzt werden. Fügt man es dem Glas in Glasfaserkabeln hinzu, erhöht es das Breitbandsignal, das geleitet wird. Man kann es auch mit Metallen wie Vanadium legieren, um es für infrarotabsorbierendes Glas zu nutzen, wie viele andere Lanthanoide auch.

Thulium

Die Entdeckung dieses Lanthanoids wird, genau wie die des Holmiums, gemeinhin dem schwedischen Wissenschaftler Per Teodor Cleve zugeschrieben, auch wenn zwischen 1878 und 1879 parallel in verschiedenen Ländern Versuche dazu liefen. Es ist das zweitseltenste Lanthanoid (nach Promethium, das selbstzerstörend ist und nur durch Kernreaktionen entstehen kann!). Das hat zur Folge, dass es in der Herstellung teuer ist, wenn auch nicht so selten wie manch andere Elemente, und da viele seiner Eigenschaften auch für andere Lanthanoide gelten, wird es nicht häufig eingesetzt. Eines seiner Isotope wird jedoch in ultraleichten, tragbaren Röntgenmaschinen verwendet, ebenso wie in chirurgischen Lasern.

Ytterbium

Ytterbium wird manchmal als das letzte Element in der Lanthanoidenreihe beschrieben und wurde 1878 von Jean Charles Galissard de Marignac entdeckt. Dies geschah, indem Erbiumnitrat so weit erhitzt wurde, bis es sich in zwei Oxide zersetzte: Erbiumoxid und eine weiße Substanz, die größtenteils aus einem neuen Element bestand, das er Ytterbium nannte (eine reine Ytterbiumprobe gelang allerdings erst 1953). Für die Forschung ist es hauptsächlich als Ersatz anderer Lanthanoide interessant, denen es ähnelt. Künftig könnte es jedoch dazu dienen, Atomuhren zu bauen, die noch genauer gehen als die, die wir bereits haben – das Isotop Ytterbium-174 könnte theoretisch noch besser funktionieren als Cäsium-Uhren (die bereits bis auf eine Sekunde alle hundert Millionen Jahre genau gehen!)

Lutetium

Am Ende stellte sich heraus, dass die Ytterbium-Probe, die de Marignac produziert hatte, noch nicht ganz rein war. Das Problem bei den Lanthanoiden ist, dass ihre große Ähnlichkeit untereinander es extrem erschwert, sicher zu sein, dass man eines isoliert hat. (Der amerikanische Chemiker Theodore William Richards musste 1911 15 000 aufeinanderfolgende Rekristallisationen einer Probe Thulimbromat durchführen, um ganz sicher reines Thulium isoliert zu haben. 1907 trat der französische Chemiker Georges Urbain in seine Fußstapfen und führte dieselbe überdimensionale Versuchsfolge durch, nur zeigte er noch obendrein, dass man aus dem verbleibenden Ytterbium ein weiteres Element extrahieren konnte: Das Lutetium. Manche Chemiker argumentieren, dieses Element sei ein Halbmetall und sollte in den Hauptteil des Periodensystems aufgenommen werden, statt als Lanthanoid klassifiziert zu werden. Da Lutetium so schwer zu gewinnen ist, wird es in isolierter Form kaum genutzt, wenngleich es ein paar wirtschaftliche Einsatzformen findet. Es kann beispielsweise in Ölraffinerien als Katalysator verwendet werden, um Kohlenwasserstoffe aufzubrechen (oder anders gesagt, um sie zu kleineren Molekülen zu spalten).

Lachende Chemiker …

Die chemischen Symbole der Lanthanoiden sind La, Ce, Pr, Nd, Pm, Sm, Eu, Gd, Tb, Dy, Ho, Er, Tm, Yb und Lu. Studierende der Chemie, die Probleme damit haben, sich die Reihe für eine Prüfung zu merken, können sie mit folgender Eselbrücke lernen: **La**chende **C**hemik**e**r **Pr**edigen **N**euer**d**ings **P**ro**m**inenten **S**a**m**aritern **Eu**ropäische **G**e**d**anken: **T**urner**b**und **Dy**namo **Ho**henheim **Er**reicht **T**raum**m**edaille **Yb**er **Lu**xemburg.

Elemente 72–94

Hafnium

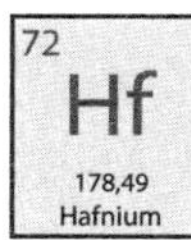

Kategorie: Übergangsmetall

Ordnungszahl: 72

Farbe: stahlgrau

Schmelzpunkt: 2233 °C (4051 °F)

Siedepunkt: 4603 °C (8317 °F)

Entdeckt: 1923

Um zu erklären, wie das Hafnium entdeckt wurde, müssen wir uns zunächst mit einer bahnbrechenden Entdeckung für unser Verständnis des Periodensystems befassen. 1911 stellte der niederländische Amateurphysiker Antonius van den Broek die Hypothese auf (und das ohne jedweden Beweis dafür zu haben), dass sich die Position der Elemente im Periodensystem eventuell besser durch ihre Ladung im Nukleus des Atoms definieren ließe. Der junge britische Physiker Henry Moseley war gerade zu Ernest Rutherfords Forschungsgruppe an der University of Manchester gestoßen, wo er den weltweit ersten Prototyp einer Atombatterie entwickelte – van den Broeks

Hypothese faszinierte ihn, und so machte er sich daran, sie zu untersuchen. Er wusste, dass Feststoffe Röntgenstrahlen aussenden, wenn man sie mit stark geladenen Elektronen bombardiert. Moseley kehrte nach Oxford zurück und organisierte eigenhändig die Finanzierung seiner Forschungen, er baute einen experimentellen Apparat, der es ihm ermöglichte, Elektronen auf verschiedene Elemente abzufeuern und dabei die Wellenlängen und Frequenzen der Röntgenstrahlen zu messen, die sie abgaben.

Das Ende der Reise

Nach Ausbruch des Ersten Weltkriegs legten Henry Moseley seine älteren Kollegen nahe, mit seinen Forschungen fortzufahren, doch er bestand darauf, zur Armee zu gehen. Er fiel 1915 bei der Schlacht von Gallipoli. Der Physiker Robert Millikan schrieb später über ihn: »Ein junger Mann von gerade einmal sechsundzwanzig Jahren hat die Fenster weit aufgeworfen, durch die wir nun mit einer Bestimmtheit und Sicherheit einen Blick auf die subatomare Welt werfen können, von der wir nie zu träumen gewagt hätten. Hätte der Europäische Krieg zu nichts anderem geführt, als dieses junge Leben auszulöschen, es hätte gereicht, um ihn zu einem der größten Verbrechen der Menschheitsgeschichte zu machen.«

Dies führte zu der durchschlagenden Erkenntnis, dass jedes Element Röntgenstrahlen einer einzigartigen Frequenz abgibt, die wiederum perfekt auf die Ordnungszahl des Elementes passte (also die Anzahl seiner Protonen). So wurde van den Broeks Hypothese bestätigt und gezeigt, dass die Protonenanzahl ein Element vollständig definierte. Chemikern wurde die Bedeutung von Moseleys Arbeiten schnell klar, denn nun konnten sie das Periodensystem so arrangieren, dass alle Restzweifel über seine Anomalien oder eventuelle Fehler für immer aus der Welt geschafft werden konnten (darüber hinaus ließen sich die Elemente durch ihre Röntgenstrahlen nun sehr viel schneller identifizieren.)

Moseleys Entdeckung bedeutete ebenfalls, dass neue Lücken im Periodensystem entstanden, und prompt machten sich die Forscher auf die Suche nach den Elementen mit einundsechzig, zweiundsiebzig und fünfundsiebzig Protonen (ebenso bestätigten sie, dass es Mendelejews fehlendes Element 43 noch immer zu finden galt).

Mit den Jahren stellten sich die Elemente 43, 61 und 75 als Technetium, Promethium und Rhenium heraus.

Das Element 72 wurde 1923 von zwei jungen Forschern entdeckt, Dirk Coster und George de Hevesy, die am Institut des großen Physikers Niels Bohr in Dänemark arbeiteten. Es hatte hitzige Debatten darum gegeben, ob sich das Element 72 als Lanthanoid oder Übergangsmetall entpuppen würde, doch Bohr hatte argumentiert, es müsse sich um ein Metall handeln. Auf dieser Basis untersuchten Coster und de Hevesy Zirconiumerze, da Zirconium im neu angeordneten Periodensystem das Übergangsmetall über Element 72 war. Binnen weniger Wochen hatten sie

Hafniumspuren in den Erzen gefunden – mithilfe von Röntgenstrahlen.

Hafnium hat ähnliche Eigenschaften und Gebrauchsfelder wie Zirconium – beide werden in Atomreaktoren verwendet, da sie gut Neutronen absorbieren. Auch wird es in Legierungen beigemengt, die stark sein müssen und einen hohen Schmelzpunkt haben, und, aus denselben Gründen, in Plasmaschweißbrennern.

Tantal

Kategorie: Übergangsmetall

Ordnungszahl: 73

Farbe: blaugrau

Schmelzpunkt: 3017 °C (5463 °F)

Siedepunkt: 5458 °C (9856 °F)

Entdeckt: 1802

Der schwedische Chemiker Gustav Ekeberg identifizierte 1801 das Tantal, nachdem viele Jahre lang einige Verwirrung um die Ähnlichkeit von Tantal und seinem oberen Nachbarn, Niob, geherrscht hatte. Doch schließlich wurde bewiesen, dass es sich um zwei separate Elemente handelte. In »Coltan« treten sie so gut wie immer zusammen auf, denn so nennt sich eine Verbindung aus Columbit (einem niobreichen Erz) und Tantalit (das reich an Tantal ist). Da sich Tantal hartnäckig weigert, mit anderen Elementen zu reagieren, wurde es nach dem griechischen Gott Tantalos benannt, der die Götter bestohlen hatte und dazu verurteilt wurde, bis in alle Ewigkeit im Wasser zu stehen, das sich allerdings gegen jeden seiner Versuche wehrte, es zu trinken. Tantal wird häufig für die Herstellung von Handys und anderen elektronischen Geräten verwendet, beispielsweise von Spielekonsolen und Digitalkameras. Kondensatoren aus Tantal und seinen Oxiden speichern Ladung und Elektrizität – das Element ist ein hervorragender Wärme- und Stromleiter, und so kann es zu Komponenten verarbeitet werden, die viel Kapazität bei sehr geringer Größe bieten. Ohne Tantal wären unsere derzeitigen Geräte jedenfalls mit ziemlicher Sicherheit nicht so klein.

Unter den Metallen haben nur Wolfram und Rhenium höhere Schmelzpunkte, sodass Tantalverbindungen an sehr heißen Orten zum Einsatz kommen, beispielsweise in Flugzeugmotoren und Atomreaktoren. Und da es chemisch betrachtet so träge ist, wird es häufig in der Medizin verwendet – unter anderem für medizinische Instrumente, Implantate wie Herzschrittmacher, sowie für Folien, Gaze oder Drähte, mit denen Nerven und Muskelgewebe repariert werden.

Die hohe Nachfrage hat in den letzten Jahren zu einigen politischen Kontroversen rund um Tantal geführt. Nachdem in Australien im Zuge der Wirtschaftskrise eine große Mine geschlossen wurde, ist mittlerweile der wichtigste Tantal-Lieferant die demokratische Republik Kongo, wo die Profite dabei halfen, den schrecklichen Bürgerkrieg zu finanzieren, und weiterhin von Korruption und politischen Intrigen überschattet werden (sodass manch einer von Blut-Tantal spricht).

Wolfram

Kategorie: Übergangsmetall

Ordnungszahl: 74

Farbe: silbrig weiß

Schmelzpunkt: 3422 °C (6192 °F)

Siedepunkt: 5555 °C (10031 °F)

Entdeckt: 1783

Im 17. Jahrhundert kreierten chinesische Porzellanhersteller mithilfe von Wolframpigment eine herrliche Pfirsichfarbe. Etwa zur selben Zeit beklagten sich europäische Zinnschmelzer, dass sie sehr viel weniger Zinn herstellten, wenn im Gestein ein gewisses Erz vorhanden war – sie nannten es »Wolfsschaum«, da es das Metall verschlang wie ein Wolf Schafe verschlingt. Auch der Name Wolframit für das Mineral kam wohl dadurch zustande.

Nachdem einige andere Forscher bereits nah dran waren, wird die Entdeckung von Wolfram zumeist zwei spanischen Brüdern zugeschrieben, den Chemikern Juan und Fausto Elhuyar. 1783 stellten sie ein säurehaltiges Metalloxid her, das sie zu Wolfram reduzierten, indem sie es mit Kohlenstoff erhitzten.

Wolfram wurde schließlich für die Drähte in Glühbirnen verwendet, da es von allen Metallen den höchsten

Schmelzpunkt hat. Es wird auch in Quarzhalogenlampen benutzt, wo man es durch Zugabe von Jod sogar noch stärker erhitzten kann (und es somit heller brennt). Wolframcarbid ist eine extrem widerstandsfähige Verbindung, die häufig für Bohr- und Schneidewerkzeuge verwendet wird: Es wird für Minen-, Bohr- und Metallarbeiten eingesetzt, sowie für high-performance Zahnbohrer. Die »Kugel« im Kugelschreiber besteht übrigens ebenfalls aus Wolfram.

Rhenium

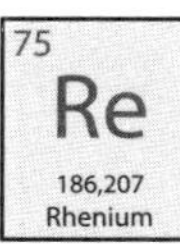

Kategorie: Übergangsmetall

Ordnungszahl: 75

Farbe: silbrig

Schmelzpunkt: 3186 °C (5767 °F)

Siedepunkt: 5596 °C (10 105 °F)

Entdeckt: 1925

Die Entdeckung des Rheniums birgt einige Fehlstarts. 1908 isolierte der japanische Chemiker Masataka Ogawa das Element, das er Nipponium nannte, erklärte allerdings fälschlicherweise, er habe Element Nummer 43 gefunden, sodass seine Entdeckungen in Verruf gerieten. Dann wurde es 1925 wieder isoliert, und zwar von den deutschen Chemikern Walter Noddack, Ida Tacke (zwei Jahre später heirateten sie und sie wurde zu Ida Noddack) und Otto Berg – das Team brauchte 660 Kilogramm des Erzes Molybdänit, um ein einziges Gramm des Metalls herzustellen (das noch immer ein Nebenprodukt der Entschlackung von Kupfer und Molybdän ist), fanden es jedoch auch in Gadolinit. Sie verkündeten fälschlicherweise, sowohl Element Nummer 43 als auch 75 gefunden zu haben, womit sie ihrem guten Ruf Schaden zufügten, doch am Ende wurde festgestellt, dass es sich bei Rhenium (benannt nach dem Rhein) tatsächlich um Element 75 handelte. Es war auch das letzte natürlich vorkommende Element, das entdeckt wurde.

Nuklearer Fehler

Die irrtümliche Behauptung der Noddacks, Element Nummer 43 gefunden zu haben, hatte eine ganz besonders unglückliche Folge: 1934 vermutete Ida Noddack, eine Kernspaltung sei möglich, doch da ihre Forschung in Verruf geraten war, nahm den Gedanken niemand auf. Die Entdeckung der Kernschmelze wurde Otto Hahn, Lise Meitner und Fritz Straßmann zugeschrieben, die 1938 als erste erkannten, dass sich ein Uranatom tatsächlich aufspaltete, wenn man es mit Neutronen bombardierte.

Rhenium ist selten und kommt in der Natur häufig mit anderen Metallen vor, auch wenn Rheniumdisulfit (eine Schwefelverbindung) an der Krateröffnung eines Vulkans im Osten Russlands gefunden wurde. Rheniumdiborid ist ein extrem hartes Material, das, im Gegensatz zu Diamanten, auch ohne hohen Druck hergestellt werden kann.

Rhenium wird am häufigsten für die Turbinen in Kampfjets verwendet, in Legierungen mit Nickel und Eisen. Auch ist es ein nützlicher Katalysator, der zur Herstellung von hoch oktanhaltigem und bleifreiem Benzin gebraucht werden kann. Und man kann es in Wolfram- und Molybdänlegierungen verwenden, die extrem fest und hitzeresistent sind.

Osmium

Kategorie: Übergangsmetall

Ordnungszahl: 76

Farbe: bläulich silbern

Schmelzpunkt: 3033 °C (5491 °F)

Siedepunkt: 5012 °C (9054 °F)

Entdeckt: 1803

Osmium wurde 1803 von dem britischen Chemiker Smithson Tennant entdeckt. In Zusammenarbeit mit William Wollaston (siehe S. 124) schmolz er unraffiniertes Platin in *aqua regia* (einer hochgradig ätzenden Säurekombination, die Metall schmilzt), sodass ein schwarzer Rückstand übrig blieb. Während Wollaston mit dem restlichen Platin experimentierte, widmete sich Tennant jenem Überrest und entdeckte, dass er sich in zwei bis dato unbekannte Elemente trennen ließ: Osmium und Iridium. Offenbar hielt er mehr von dem Iridium, denn er benannte Osmium nach dem griechischen Wort *osme*, Geruch, da es einen eigenartigen Geruch hatte – einige seiner Verbindungen riechen schlecht, allen voran das Oxid.

Je nachdem, nach welcher Messmethode man sich richtet, ist Osmium das Element mit der größten Dichte, sie ist etwa doppelt so hoch wie die von Blei, doch es wird heutzutage kaum wirtschaftlich genutzt: Derzeit werden pro Jahr nur in etwa 100 Kilogramm hergestellt. Manchmal wird es für teure Füllhalterminen mit Iridium legiert, für OP-Ausrüstungen oder andere Werkzeuge, die resistent gegen Abnutzung und Korrosion sein müssen. Auch Osmium wurde für die Drähte in Glühbirnen verwendet, da es einen hohen Schmelzpunkt hat, doch schließlich setzte sich Wolfram hierfür durch: Der Glühbirnenhersteller Osram wurde 1906 nach ihm benannt, als noch beide Materialien genutzt wurden – der Name ist eine Kombination der beiden Elemente.

Iridium

Kategorie: Übergangsmetall
Ordnungszahl: 77
Farbe: silbrig weiß

Schmelzpunkt: 2466 °C (4406 °F)
Siedepunkt: 4428 °C (8002 °F)
Entdeckt: 1803

Das Metall Iridium spielte eine zentrale Rolle in dem Beweis dafür, dass das Aussterben der Dinosaurier (und anderer Spezies) vor 65 Millionen Jahren durch den Aufprall eines riesigen Meteoriten verursacht wurde. Auf der Erde kommt das Element selten vor, in Meteoriten jedoch findet man es häufig. 1980 zeigten der Nobelpreis-Physiker Luis Alvarez und seine Kollegen von der University of California, dass es in den Erdschichten, die vor 65 Millionen Jahren gebildet wurden, ungewöhnlich hohe Anteile von Iridium gibt – dies ist als K-P-Grenze bekannt geworden (da sie den Übergang von der Kreidezeit ins Paläogen markiert, die mit K und P abgekürzt werden). Mancherorts kann man diese Schicht an der Erdoberfläche bewundern, beispielsweise in den Badlands der kanadischen Provinz Alberta, oder auf der dänischen Insel Seeland, doch sie findet sich in Fossilienfunden auf der ganzen Welt. Alvarez und seine Kollegen stellten die Theorie auf, dass diese Funde einen massiven Meteoritenaufprall zu jener Zeit bewiesen. Daraus resultierte eine langanhaltende Eiszeit, die Pflanzen an der Photosynthese hinderte und zum Aussterben vieler Spezies führte, da sie verhungerten. In den 1990er-Jahren nahm die Theorie an Fahrt auf, da im Golf von Mexiko der Chicxulub-Krater entdeckt wurde – er war 180 Kilometer breit. Dieser Impakt-Krater bestätigte, dass die K-P-Grenze von in die Atmosphäre geschleudertem Staub ausgelöst wurde, der sich nach dem Einschlag eines riesigen Meteoriten wieder setzte.

In reiner, metallener Form ist Iridium ein sprödes, glänzendes, silbriges Metall. Wie wir bereits gelernt haben, wurde es 1803 von Smithson Tennant gemeinsam mit Osmium isoliert. Auch wenn die Wissenschaftler des 19. Jahrhunderts ganz schön einfallsreich waren, brauchte es Jahrzehnte, bis irgendwer eine Verwendung für Iridium fand, dessen sehr hoher Schmelzpunkt eine Arbeit mit dem Material erschwert. 1834 jedoch gelang es dem Erfinder John Isaac Hawkins, der besonders dünne, harte Spitzen für Füllhalter kreieren wollte, einen Goldstift mit Iridiumspitze herzustellen. Mit der Zeit wurden Methoden entwickelt, um mit Iridium zu arbeiten und es mit anderen Metallen zu legieren – es ist sehr hart und korrosionsresistent, sodass es für die Spitzen von Zündkerzen verwendet worden ist, für Flugzeugteile und Schmelztiegel, die selbst bei sehr hohen Temperaturen standhalten. Eines seiner Isotope, Iridium-192, kommt bei Krebspatienten in der Bestrahlungstherapie zum Einsatz.

Die Göttin des Regenbogens

In der griechischen Mythologie war Iris, die Göttin des Regenbogens, die Tochter von Meeresgott Thaumas und seiner Frau Elektra. Während sie den Göttern und Göttinnen Nektar servierte und als ihre Botin fungierte, soll sie Wasser aus dem Ozean in ihrem Kelch gesammelt und damit die Wolken bewässert haben. Durch die vielfarbigen Salze, die Iridium produziert, benannte Smithson Tennant es nach Iris, von deren Namen auch das Wort irisierend abstammt.

Platin

Kategorie: Übergangsmetall

Ordnungszahl: 78

Farbe: silbrig weiß

Schmelzpunkt: 1768 °C (3215 °F)

Siedepunkt: 3825 °C (6917 °F)

Entdeckt: ca. 7. Jh. v. Chr.

Ein Artefakt mit Platinanteilen wurde in einem der ägyptischen Königin Shapenapit gewidmeten Kästchen in Theben gefunden – es wurde auf das 7. Jahrhundert vor Christus datiert. Auch südamerikanische Kulturen arbeiteten bereits vor 2000 Jahren mit dem Metall. Die spanischen Konquistadoren nannten es wenig begeistert »platina« (kleines Silber) und warfen es in der Annahme zurück in die Flüsse, es handle sich lediglich um unreifes Gold.

Dennoch schaffte es eine Probe nach Europa, und zwar durch ein spanisches Schiff, das von der Britischen Navy gekapert wurde, und das Metall bekam einen besseren Ruf, auch wenn es noch einige Zeit dauern sollte, bis jemand eine kostengünstige Produktionsmethode entdeckte. Platin ist ein glänzendes Metall, das genau wie Gold nicht korrodiert, da es nicht oxidiert. Einer der Gründe, warum Platin so selten ist, besteht darin, dass es ein Schwermetall ist, das sich mit Eisen legiert, und so ist vermutlich ein großer Anteil des Platins auf der Erde in der Vergangenheit im Erdkern versunken.

Mittlerweile gilt es als Prestige-Metall, das für Hochzeitsringe verwendet wird und namentlich für Platin-Scheiben und die Platinhochzeit steht. Man kann es für Brennstoffzellen, Festplatten, Thermoelemente, Glasfasern, Zündkerzen und Herzschrittmacher nutzen, und vieles mehr. Doch die wichtigste Verwendungsform findet Platin in den Katalysatoren von PKW, wo es sich bestens eignet, um giftige Kohlenstoffe in Kohlenstoffdioxid und Wasser aufzuspalten. Die Nachfrage ist aufgrund dieser Nutzung so hoch, dass es manch einem große Sorgen bereitet, dass die weltweite Versorgung in den nächsten Jahrzehnten nicht gewährleistet sein könnte.

Eine weitere wichtige Verbindung ist das Cisplatin, die Abkürzung von cis-Diammindichloridoplatin(II). Barnett Rosenberg forschte in den 1960er-Jahren nach dem Einfluss von Fließstrom auf Bakterien, und diese Verbindung entstand durch Reaktionen an den Elektroden. Es stellte sich heraus, dass es die Zellteilung der Bakterien hemmte. Cisplatin ist zu einem wichtigen Arzneimittel geworden, um Hodenkrebs, Eierstockkrebs und viele weitere Krebsarten zu behandeln.

Gold

Kategorie: Übergangsmetall

Ordnungszahl: 79

Farbe: metallisch gelb (oder »gold«)

Schmelzpunkt: 1064 °C (1948 °F)

Siedepunkt: 2856 °C (5173 °F)

Entdeckt: Antike

Genau wie Kupfer und Silber, die beiden Elemente, die sich im Periodensystem über Gold befinden, kannte man Gold bereits in der Antike. Man nutzte es für Schmuck und Münzen schon vor mindestens 5000 Jahren. Man kann es als Nugget finden (das größte wurde in den 1860er-Jahren in Australien gefunden und wog sage und schreibe 70 Kilogramm) oder in kleineren Körnern. Man kann es beispielsweise finden, indem man Gestein in Wasser siebt – Gold wird immer nach unten sinken, da es das schwerste Metall ist. Auf diese primitive Art wurden großen Mengen Gold geschöpft.

Tutanchamuns Grab enthielt über 100 Kilogramm an Goldartefakten. Chemisch betrachtet ist das Element wenig reaktiv (in *aqua regia* löst es sich allerdings auf), weich genug, um es mit einem Messer durchzuschneiden, und überaus formbar, sodass man es unter einem Hammer formen kann (24-karätiges Gold ist reines Gold, niedrigere Karatwerte deuten auf Legierungen hin, die etwas härter sind.

Jedes Jahr fördern wir in etwa 1500 Tonnen Gold (hauptsächlich in Russland und Südafrika), und die weltweiten Vorkommen werden recycelt und wiederverwertet. Zu dünner Folie geschlagen, kann man es dazu gebrauchen, andere Metalle zu galvanisieren, beispielsweise für billigen Goldschmuck oder elektrische Anschlüsse. Computerchips enthalten häufig Golddrähte für ihre Stromkreisläufe. Gold wird in Legierungen für Zahnfüllungen benutzt und dient in der Produktion von Weißleim als Katalysator.

Der Reichtum der Ozeane

Nach der Niederlage im Ersten Weltkrieg musste Deutschland zur Strafe Reparationen zahlen. Der patriotische Nobelpreisgewinner Fritz Haber heckte einen kühnen Plan aus, um das Geld aufzutreiben: Er schlug vor, Goldpartikel aus Meerwasser zu gewinnen, und zwar durch eine Kombination aus riesigen Zentrifugen und elektrochemischen Methoden. Er schätzte, eine Tonne Meerwasser könne bis zu 65 Milligramm Metallpartikel enthalten, wodurch sich sein Plan aus ökonomischer Sicht gelohnt hätte. Leider liegt der wahre Goldanteil von Meerwasser eher bei 0,004 Milligramm pro Tonne, und als er dies neu (und korrekt) berechnete, musste der Plan zu seiner großen Enttäuschung verworfen werden.

In der US-Notenbank lagern etwa 7000 Tonnen Goldbarren, die diversen Ländern gehören. Sie sind in etwa

500 Milliarden Dollar wert und der größte Goldvorrat der Welt.

Quecksilber

Kategorie: Übergangsmetall

Ordnungszahl: 80

Farbe: gräuliches Silber

Schmelzpunkt: –39 °C (–38 °F)

Siedepunkt: 357 °C (674 °F)

Entdeckt: Antike

Das leuchtend rote Mineral Zinnober wurde bereits vor Jahrtausenden hoch gehandelt. Im Nahen Osten diente es als Rouge und als Zutat für andere Färbevorgänge, beispielsweise in dem atemberaubenden Maya-Grab der Roten Königin aus dem 7. Jahrhundert, das einen Sarkophag und Grabbeigaben beinhaltete, die mit einem roten Puder aus Zinnober überzogen waren. Wohlbekannt war auch, dass man »keckes Silber« aus Zinnober gewinnen konnte, eine Substanz, in der man Gold »auflösen« konnte. Rein theoretisch konnte man es dafür verwenden, Gold aus anderen Mineralien zu lösen – ganz besonders ließe es sich dadurch schneller aus Flüssen gewinnen.

Nur dass dieser letzte Teil nicht ganz stimmte. Zinnober ist Quecksilbersulfid, und das Quecksilber kann daraus gewonnen werden, indem man es erhitzt und das verdampfende Metall auffängt. (Das chemische Kürzel Hg kommt vom griechischen *hydrargyrum*, was »flüssiges Silber« bedeutet.) Gold löst sich jedoch in flüssigem Quecksilber nicht auf – stattdessen amalgamieren die beiden Metalle, sie gehen also quasi eine Art Verbindung ein, und das bei einer ungewöhnlich niedrigen Temperatur. Erhitzt man die Mixtur anschließend, verdampft das Quecksilber, und nur das Gold bleibt zurück.

Früher hatte Quecksilber einen sehr viel besseren Ruf als heutzutage. Die Alchemisten hielten es für eine Ursprungsform aller Materie, von der alle anderen Metalle abstammten. Die Römer und Griechen nutzten es als Arznei und die Chinesen glaubten, ein Quecksilber-Cocktail könne einem ein langes Leben garantieren.

Wir wissen heute natürlich, dass Quecksilber, das einzige Metall, das bei Zimmertemperatur flüssig ist, giftig ist, und all diese fehlgeleiteten Anwendung zu nichts Gutem führten. Der verrückte Hutmacher aus *Alice im Wunderland* entstand in Anlehnung an die wirren Geisteszustände, die bei der damaligen Hutproduktion durch die Verwendung von Quecksilbernitrat ausgelöst werden konnten. Und eine der giftigsten Formen des Elementes – Methylquecksilber – kann sich in Fisch ansammeln, sodass jeder, der davon isst, schwer krank wird.

Viele frühere Produkte, bei denen Quecksilber zum Einsatz kam, sind nach und nach abgeschafft worden. In der Vergangenheit hätte man es in Fieberthermometern, Amalgamfüllungen für Zähne, Ködern zum Angeln und Farbpigmenten gefunden. Heute wird es nur noch für einige chemische Produktionsmethoden verwendet – die starke Anziehungskraft, die dieses faszinierende Metall früher auf die Menschen ausgeübt hat, wurde somit durch große Vorsicht ersetzt.

Thallium

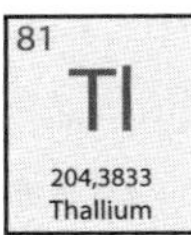

Kategorie: Metall
Ordnungszahl: 81
Farbe: silbrig weiß

Schmelzpunkt: 304 °C (579 °F)
Siedepunkt: 1473 °C (2683 °F)
Entdeckt: 1861

Thallium zählt zu den giftigsten Elementen und ist im Laufe der Zeit häufig für Morde verwendet worden. Es ist das Gift, das Saddam Hussein am meisten benutzt hat, um seine Gegner umzubringen, und während der sogenannten »Thallium Craze« der frühen 1950er-Jahre in Australien tauchte das Element in mindestens fünf unterschiedlichen Kriminalfällen auf. Bis in die 1970er-Jahre konnte die tödliche Substanz ganz einfach in Form von Thalliumsulfat gekauft werden, einem Insektizid und Rattengift.

Entdeckt wurde es 1861 in England von Sir William Crookes, der im Spektrum gepantschter Schwefelsäure einen dünnen grünen Streifen sah, sodass ihm klar wurde, dass es sich um ein neues Element handelte, das er nach dem griechischen Wort für einen grünen Spross oder Ast benannte: *thallos*.

1862 forschte der französische Wissenschaftler Claude-Auguste Lamy intensiver nach und stellte eine kleine Menge des reinen, weichen, silbernen Metalls her (das an der Luft schnell stumpf wird). Darauf folgte ein hitziger Streit zwischen Crookes und Lamy darüber, wer nun die Lorbeeren ernten sollte, der erst beigelegt wurde, als jeder seine eigene Medaille verliehen bekam.

Thallium kommt hauptsächlich in Erzen wie Kaliummineralien und (zusammen mit Cäsium) in Pollucit vor. Gerade diese Ähnlichkeit zu Kalium macht es so gefährlich. Es kann die Teile der Zellen sozusagen kidnappen, die Kalium benötigen, und somit die zentrale Funktion stören, die Kalium im Körper erfüllt.

Eine kurzzeitige Thalliumvergiftung löst Übelkeit und Erbrechen aus – über längere Zeit führt sie zu schweren Nervenschäden, Haarausfall, geistiger Unzurechnungsfähigkeit und Herzstillstand. Merkwürdigerweise ist eines der effektivsten Gegenmittel ausgerechnet Kalium »ferrihexacyanoferrat« (auch bekannt als Preußisch Blau oder Berliner Blau), eine Substanz, die Cyanide enthält, allerdings in nicht-giftiger Form. Es umgibt die Thalliummoleküle und verhindert somit, dass sie anstelle des Kaliums absorbiert werden.

Thallium wird teils als Nebenprodukt der Kupfer- und Bleiraffinerie abgebaut – es hat außer der Elektro-Industrie, wo es für die Herstellung von Fotozellen genutzt wird, wenige Anwendungsfelder. In Form von Thalliumoxid wird es verwendet, um Glas mit niedrigem Schmelzpunkt herzustellen.

Blei

Kategorie: Metall
Ordnungszahl: 82
Farbe: stumpfes Grau
Schmelzpunkt: 327 °C (621 °F)
Siedepunkt: 1749 °C (3180 °F)
Entdeckt: Antike

Für die Alchemisten war das schwere, formbare Blei ein niederes Metall, doch sie wussten, dass man es von seinem natürlichen Grau in eine Reihe anderer Farben verwandeln konnte. Eingelegt in Essig wurde es weiß, wenn man es in einem Stall mit Tierdung verwahrte. Wenn man es erhitzte, bildete sich an der Oberfläche eine Schicht Gelbbleimonoxid, die sie »Bleiglätte« nannten und die schließlich hellrot wurde (und im Mittelalter als rote Farbe genutzt wurde, auch wenn sie mit der Zeit zu einem weniger hübschen Braun verblasste). Manch ein Alchemist glaubte fälschlicherweise, bei ausreichender Beschäftigung mit dem Stoff Blei zu Gold machen zu können.

Gewonnen wurde es mindestens seit der griechischen Antike aus Bleierz. Die Römer verwendeten es für Rohrleitungen, Hartzinn, Farbe, Keramiklasuren und sogar Kosmetik (und zwar in Form von Bleicarbonat oder »Bleiweiß«, das auch als Farbpigment gebraucht wurde), auch wenn der Arzt Cornelius Celsus schon vor möglichen Gesundheitsschäden warnte.

Vertrauen Sie mir, ich bin Wissenschaftler

In den USA fand 1924 nach einem Ausbruch von Bleivergiftungen in einer Standard-Oil-Fabrik in New Jersey eine Pressekonferenz statt: Ein Arbeiter war psychotisch geworden und gestorben, fünfunddreißig weitere kamen ins Krankenhaus. Thomas Midgley, der Erfinder des verbleiten Benzins, hatte sich gerade selbst erst in Florida von einer Bleivergiftung erholt. Dennoch versuchte er, die skeptischen Journalisten von der Unbedenklichkeit des Stoffes zu überzeugen, indem er sich die Hände in einem Behälter des Zusatzes Bleitetraethyl wusch und behauptete, das Benzin sei ungefährlich, da »die durchschnittliche Straße so frei von Blei ist, dass es unmöglich sein wird, Spuren davon zu finden, oder eine Absorption nachzuweisen.« Er gab jedoch zu, es gebe »bisher keine durch Experimente bestätigten Daten.«

Heute wird Blei trotz seiner Giftigkeit noch immer in Autobatterien, manchen Pigmenten, Gewichten und Lötmitteln verwendet. Da es das schwerste stabile Element ist, das nicht radioaktiv ist, kann man es zum Strahlenschutz verwenden, beispielsweise für Container, die leicht radioaktives Material enthalten. Blei ist nicht sonderlich reaktiv, sodass man korrosive Säuren darin verwahren kann. Bis vor Kurzem wurde es dafür verwendet, Startschwierigkeiten (sogenanntes »Motorklopfen«) bei Automotoren zu verhindern, doch dies wurde mittlerweile aufgrund der Umweltverschmutzung verboten. Für Wasserrohre und -container wird es nicht mehr verwendet, ist jedoch immer noch für unschöne Fälle von Bleivergiftung verantwortlich, wenn in alten Gebäuden Bleirohre verbaut sind.

Die Alchemisten lagen übrigens nicht komplett falsch. Viele radioaktive Elemente mit einer höheren Ordnungszahl als 82 werden am Ende ihrer Verfallskette zu Blei, insofern wäre es leichter, Gold in Blei zu verwandeln als umgekehrt. Nuklearexperimente haben ergeben, dass auch die umgekehrte Verwandlung möglich ist, doch die Kosten würden jeden möglichen Gewinn bei Weitem übertreffen.

Bismut

Kategorie: Metall
Ordnungszahl: 83
Farbe: silbrig rosa
Schmelzpunkt: 272 °C (521 °F)
Siedepunkt: 1564 °C (2847 °F)
Entdeckt: 15. Jahrhundert

Schon die Inka im 15. Jahrhundert kannten Bismut – am Macchu Picchu wurde ein Messer gefunden, dessen

Legierung das Metall enthielt. Westliche Alchemisten hatten Bismut ebenfalls für sich entdeckt, und ab 1460 wurde es in Minen abgebaut, auch wenn man es häufig fälschlicherweise für eine Art Blei hielt. Im 19. Jahrhundert wurde es als Schminke genutzt: Wenn man es in Salpetersäure auflöste und anschließend in Wasser goss, entstand ein weißes, flockiges Material, das auch als »Perlweiß« bekannt ist, und das sich zu Gesichtspuder verarbeiten ließ. Es ist sehr viel weniger giftig als Bleiweiß, tendierte jedoch in Städten dazu, sich durch die Schwefelbelastung der Kohleverbrennung braun zu färben.

Bismut ist ein schweres und dennoch sprödes Metall, das häufig für Legierungen wie Hartzinn verwendet wird. Mit Cadmium oder Zinn bildet es Legierungen mit geringem Schmelzpunkt, die für Zündschnüre oder als Lötmittel verwendet werden können. Noch immer wird es in der Kosmetikindustrie gebraucht (in Form von Bismutchloridoxid), um Kosmetika ein schimmerndes Aussehen zu verleihen, sowie (als Bismutoxid) für gelbe Farbpigmente.

Bismutcarbonat wird manchmal als ein Mittel gegen Verstopfung angeboten (bekannt als »Bismutkur«).

Früher war man der Annahme, Bismut sei nicht radioaktiv. Ist es aber, jedoch nur sehr, sehr schwach. 2003 fand eine französische Forschergruppe Alphapartikel, die von einem Zerfall von Bismut-209 herrührten (dem einzigen natürlich vorkommenden Bismut-Isotop). Es hat jedoch eine Halbwertszeit von 2 x 1019: Nur eine Handvoll Substanzen haben eine längere Halbwertszeit, seine Radioaktivität ist also, im Gegensatz zu den meisten anderen radioaktiven Elementen im Periodensystem, nicht gefährlich.

Ein kurzer Exkurs zur Radioaktivität

Im Nukleus stabiler Atome besteht genügend Anziehungskraft, um die Protonen und Neutronen aneinander zu binden. In instabilen Atomen jedoch, ganz besonders bei schweren, so wie Uran, reicht diese Kraft nicht aus, sodass der Nukleus Energie und Partikel absondert: Wir nennen dies »radioaktiven Zerfall«. (Man sollte im Kopf behalten, dass auch Elemente, die für gewöhnlich stabil sind, instabile radioaktive Isotope haben können.) Der Begriff Radioaktivität bezieht sich auf diese abgesonderten Partikel: Das Atom wird allmählich zerfallen, bis es einen stabilen Zustand erreicht hat. Uran-238 beispielsweise zerfällt in achtzehn Etappen, in denen es Atome von Thorium, Radium, Radon und Polonium formt, bis es schließlich zu einem stabilen Blei-206-Atom wird. Es ist unmöglich vorherzusagen, wie lange ein einzelnes Atom für diesen Zerfall brauchen wird, sodass wir stattdessen das Konzept der »Halbwertszeit« eingeführt haben, das die Durchschnittsdauer der Zerfallszeit eines halben Nukleus eines beliebigen Isotops angibt.

Polonium

Kategorie: Halbmetall
Ordnungszahl: 84
Farbe: silbrig grau
Schmelzpunkt: 254 °C (489 °F)
Siedepunkt: 962 °C (1764 °F)
Entdeckt: 1898

Marie Curie hat die Radioaktivität nicht entdeckt – Röntgenstrahlen waren bereits 1895 von Wilhelm Röntgen entdeckt worden, und die Strahlung von Uran 1896 von Henri Becquerel, mit dem sie später zusammenarbeitete. Sie gab dem Phänomen jedoch seinen Namen und trug, gemeinsam mit ihrem Ehemann Pierre, entscheidend zu unserem heutigen Verständnis bei.

Die Extraktion des Poloniums, die Marie und Pierre vollführten, war eine schwierige Angelegenheit. Sie experimentierten mit dem radioaktiven Erz Pechblende (auch Uranpecherz genannt), das zwar Uran enthält, jedoch radioaktiver wirkte, als es nur aufgrund dieses Elementes hätte sein sollen. Es gelang ihnen, das Uran herauszufiltern, und sie durchkämmten Tonnen des übrig gebliebenen Schotters, um ein paar Poloniumkrümel zu finden. Sie benannten das neue Element nach Maries Heimatland Polen.

Polonium ist extrem selten, und die Extraktionsmethode der Curies ist nicht wirtschaftlich. Stattdessen wird

Bismut-209 mit Neutronen bombardiert, bis Bismut-210 entsteht, das wiederum zu Polonium zerfällt. Es kann statt als Halbmetall auch als Metall qualifiziert werden, da seine Leitfähigkeit bei hohen Temperaturen abnimmt – eine Eigenschaft, die bedeutet, dass es in gewissen industriellen Prozessen dazu verwendet werden kann, statische Elektrizität zu eliminieren. Es hat eine kurze Halbwertszeit, was bedeutet, dass es viel Hitze erzeugt. Dies wurde zur Erzeugung von thermoelektrischer Energie in Satelliten und Mondmobilen genutzt, beispielsweise für den russischen »Lunochod«, mit dem die Oberfläche unseres Trabanten untersucht wurde.

Mord durch Polonium

Der Mord an dem russischen Ex-Agenten Alexander Litvinenko 2006 geschah durch eine winzige Menge Polonium – es gibt Alphapartikel ab (die Protonen und Neutronen enthalten), die zu schwach sind, um die meisten Materialien zu durchdringen, sodass es eine relativ ungefährliche Substanz ist, wenn man sie (beispielsweise) in einem kleinen Container transportiert. Wird Polonium jedoch in den Körper aufgenommen, wird dieselbe Strahlung extrem gefährlich, da sie die Zellen innerhalb des Körpers angreift und von ihnen aufgenommen wird, was Litvinenko unglücklicherweise zum Verhängnis wurde.

Astat

Kategorie: Halogen
Ordnungszahl: 85
Farbe: keine Angabe
Schmelzpunkt: 302 °C (576 °F)
Siedepunkt: 337 °C (639 °F)
Entdeckt: 1940

Emilio Segrè, der Mitentdecker des ersten »künstlichen« Elementes Technetium, verbrachte den Sommer 1938 in Berkeley, Kalifornien, als Mussolinis Faschisten in Italien antisemitische Gesetze verabschiedeten, die Juden aus Universitätspositionen ausschlossen. Segrè war damit zur Emigration aus Italien gezwungen und entschied sich, in den USA zu bleiben. Dort entdeckte er anschließend mithilfe des Teilchenbeschleunigers in Berkeley ein weiteres neues Element, »Astat«, dessen Name sich vom Griechischen *astatos* ableitet: instabil.

In natürlicher Form kommt es nur als Teil eines komplexen radioaktiven Reaktionsweges vor. Es hat zehn höchst radioaktive Isotope, deren Halbwertszeit nicht länger als acht Stunden ist. Um eine winzige Menge herzustellen, bombardierten Segrè und Dale Corson Bismut-109 mit Teilchen, um Astat-211 herzustellen, allerdings nur eine winzige Menge, zu wenig, um es zu sehen. Es gehört zu den Halogenen und besitzt vermutlich ähnliche Eigenschaften.

Segrè arbeitete anschließend am Manhattan Project, und seither ist nicht viel zu Astat geforscht worden. Es wird jedoch angenommen, dass es sich zur Behandlung gewisser Krebsarten einsetzen ließe. Das radioaktive Isotop Jod-131 wurde dafür bereits verwendet, hat allerdings den Nachteil, dass es Betateilchen abgibt (energiereiche Elektronen), die das Gewebe um den Tumor herum schädigen können. Astat-211 ist ein Alpha-Strahler mit sehr kurzer Halbwertszeit, sodass es künftig vielleicht eine bessere Alternative wäre.

Radon

Kategorie: Edelgas
Ordnungszahl: 86
Farbe: leuchtendes Orangerot in festem Zustand, ansonsten farblos

Schmelzpunkt: –71 °C (–96 °F)
Siedepunkt: –62 °C (–79 °F)
Entdeckt: 1900

Es gibt ein farbloses, geruchsloses, radioaktives Gas, das fortwährend aus dem Erdboden aufsteigt und sich in schlecht belüfteten Kellern (besonders in Granitgebäuden) in gefährlichen Konzentrationen ansammeln kann – keine schöne Vorstellung! Radon ist das erste von zwei radioaktiven Edelgasen, die die untere rechte Ecke des Periodensystems bilden. Es entsteht durch den Zerfall kleiner Uran-Mengen im Erdboden, in einem Reaktionsweg, der auch Radium, Thorium und Actinium erzeugt. Es hat wiederum eine kurze Halbwertszeit und zerfällt schnell zu Polonium, dann Bismut und schließlich zu Blei.

Radon kann gewonnen werden, indem man eine Glasglocke über ein Stück Radium setzt. Zum ersten Mal beschrieb es der deutsche Chemiker Friedrich Ernst Dorn als »Radium Emanation« – ein Gas, das die Luft um das Radium herum radioaktiv zu machen schien. Ernest Rutherford und William Ramsay hatten anschließend einen relativ zickigen Disput darüber, wer nun der tatsächliche Entdecker des Elementes sei.

Durch seine kurze Halbwertszeit baut sich das Radon, das in Gebäuden aufsteigt, auch wieder ab, doch es hat Fälle gegeben, in denen es schlimme Schäden angerichtet hat – beispielsweise kann es Lungenkrebs verursachen. Sollten Sie sich Sorgen über Radon in ihrem Keller machen: Es gibt Selbsttests für zu Hause. Das meiste Radon gelangt jedoch in harmlosen Konzentrationen in die Erdatmosphäre, von der es einen winzigen Teil ausmacht, und zerfällt.

Francium

Kategorie: Alkalimetall

Ordnungszahl: 87

Farbe: unbekannt

Schmelzpunkt: 21 °C (70 °F)

Siedepunkt: 650 °C (1202 °F)

Entdeckt: 1939

1929, fünf Jahre vor ihrem Tod durch radioaktive Strahlung, stellte Marie Curie eine neue Laborassistentin ein, Marguerite Catherine Perey. Die brillante Perey entdeckte 1939 das flüchtige Element Francium (benannt nach Frankreich). Später wurde sie als erste Frau in die französische Académie des sciences gewählt.

Wenn ein Element ein Alphateilchen verliert, sinkt seine Ordnungszahl um zwei. Wenn es ein Betateilchen absondert, steigt seine Ordnungszahl um eins. Will man radioaktive Elemente künstlich herstellen, ist der Trick dabei, die Zerfallswege der anderen Elemente im Hinterkopf zu behalten. Im Falle des Franciums reinigte Perey eine Actinium-Probe von seinen radioaktiven Unreinheiten, und fand dennoch eine übrig bleibende Spur von Radioaktivität, die sich als neues Element herausstellte.

Das meiste Actinium zerfällt, indem es Betateilchen abgibt und zu Thorium wird (mit Ordnungszahl 90, das wiederum ein Alphateilchen verliert und zu Radium wird (mit Ordnungszahl 88). Ein winziger Actinium-Anteil verliert jedoch stattdessen ein Alphateilchen und wird zu Element 87, dem Francium, das insofern in der Natur nur in sehr geringen Mengen vorkommt und eine sehr kurze Halbwertszeit hat.

Flinke Elektronen

Wir wissen bereits, dass die anderen Alkalimetalle (Lithium, Natrium, Kalium, Rubidium und Cäsium) der Reihe nach reaktiver werden. Francium bildet aus einem interessanten Grund eine Ausnahme: Je mehr Protonen die Elemente haben, desto schneller bewegen sich die Elektronen, dabei nähern sie sich der Lichtgeschwindigkeit an. Laut den Gesetzen der Relativität sind sie von daher etwas kleiner, als sie bei geringerer Geschwindigkeit wären. Auch sind die Elektronen enger an den Nukleus gepresst und etwas schwerer zu entfernen. Es konnte also bewiesen werden, dass Cäsium reaktiver ist als Francium (obwohl ich trotzdem niemandem empfehlen würde, eines der beiden ins Badewasser zu werfen.)

Radium

Kategorie: Erdalkalimetall

Ordnungszahl: 88

Farbe: weißlich

Schmelzpunkt: 700 °C (1292 °F)

Siedepunkt: 1737 °C (3159 °F)

Entdeckt: 1898

Als die Curies in Pechblende das Polonium entdeckten, fanden sie auch das Radium (das so genannt wurde, da es im Dunklen leuchtete). 1911 gelang es Marie Curie (gemeinsam mit ihrem Kollegen André Debierne) das Metall zu isolieren, indem sie Radiumchlorid mit einer Quecksilberkathode elektrolysierte.

Das radioaktive Kochbuch

Gut möglich, dass das Radium für Marie Curies Tod verantwortlich war (sie starb an aplastischer Anämie) – als sie das Radium entdeckte, ging sie gern ins Labor, um im Dunklen die Reagenzgläser leuchten zu sehen wie Lichterketten. Die von ihr hinterlassenen Notizbücher und Aufzeichnungen müssen noch immer in Bleibehältern aufbewahrt werden und können nur unter Strahlenschutzmaßnamen eingesehen werden. Selbst das Kochbuch in ihrer Küche stellte sich als extrem radioaktiv heraus, einfach nur, weil sie es in den Händen gehalten hatte.

In natürlicher Form kommen geringe Mengen Radium in Uranerzen vor. Das Element ist hoch radioaktiv und wird in der Medizin eingesetzt, dort vor allem zur Frühbekämpfung von Krebs, doch diese Methoden sind mittlerweile überholt, auch wenn Radium-223 manchmal zur Behandlung von Prostatakrebs verwendet wird, wenn er auf die umliegenden Knochen übergegangen ist.

Im frühen 20. Jahrhundert wurden geringe Radiummengen Leuchtfarben beigemischt, beispielsweise für leuchtende Uhrenzeiger. In den 1920er-Jahren sorgte der Fall der »Radium-Girls« vor Gericht für Furore: Fünf junge Frauen waren an Krebs erkrankt, nachdem sie in einer amerikanischen Radiumfabrik gearbeitet hatten. Sie hatten Farbe mit Radium verarbeitet und keine Sicherheitsinstruktionen erhalten. Nicht nur hatten sie mit der Farbe gearbeitet, manche von ihnen hatten auch die Pinselspitzen mit der Zunge befeuchtet und auf diese Weise geringe Mengen der Farbe zu sich genommen. Sie gewannen vor Gericht, starben jedoch binnen weniger Jahre. Dass Radium nicht mehr für Leuchtfarbe verwendet wird, ist unter anderem auch ihrem Mut zu verdanken, sich gerichtlich zu wehren – und zu gewinnen.

Actinium

Kategorie: Actinoid
Ordnungszahl: 89
Farbe: silber

Schmelzpunkt: 1050 °C (1922 °F)
Siedepunkt: 3200 °C (5792 °F)
Entdeckt: 1899

Genau wie die Lanthanoide sind auch die Actinoide eine Elementenreihe (von Actinium, Element 89, bis Lawrencium, Element 103), die in einem Streifen außerhalb des Periodensystems aufgeführt werden. Allerdings zeigen die Actinoide größere Unterschiede in ihren Eigenschaften, und einige von ihnen sind sehr bedeutsam, besonders das Uran. Wir werden also die ersten paar Actinoide genauer unter die Lupe nehmen, zumindest bis zum Plutonium (Element 94), bevor wir uns eingehender mit künstlich hergestellten Elementen beschäftigen werden.

Die Actinoide haben gewisse Eigenschaften gemeinsam: Sie sind allesamt radioaktiv in all ihren Isotopen. Sie werden an der Luft stumpf und entzünden sich spontan (besonders in Pulverform). Sie alle reagieren mit heißem Wasser und setzen Wasserstoff frei. Und sie alle sind weiche, dichte, silberne Metalle.

Actinium wurde von Marie Curies Freund André Debierne entdeckt, und zwar mit derselben Methode, mit der sie das Radium entdeckt hatten. Pechblende (oder

Uranerz) gibt ein merkwürdiges, bläuliches Licht ab. Dies liegt hauptsächlich an seinem Actinium-Anteil. Dieser ist allerdings verschwindend gering, daher wird Actinium für Forschungszwecke künstlich hergestellt, indem Radium-226 mit Neutronen bombardiert wird (es findet sonst kaum andere Verwendungen, nur in manchen Rauchmeldern und in der experimentellen Strahlentherapie).

Thorium

Kategorie: Actinoid
Ordnungszahl: 90
Farbe: silber
Schmelzpunkt: 1750 °C (3182 °F)
Siedepunkt: 4788 °C (8650 °F)
Entdeckt: 1829

Die Straßen vieler Städte wurden früher mit einem radioaktiven Element beleuchtet: Thoriumoxid hat den höchsten Schmelzpunkt aller Oxide, sodass es im 19. und frühen 20. Jahrhundert für Gaslaternen verwendet wurde. In der Hitze des brennenden Gases schmolz es nicht, sondern gab helles weißes Licht ab. Glücklicherweise ist Thorium nicht ganz so radioaktiv wie einige der anderen Actinoide, es gibt Alphateilchen ab, die nicht durch Glas oder menschliche Haut hindurch kommen, insofern war diese Beleuchtungsmethode ungefährlicher, als es klingen mag.

Sie kommt sogar noch bei manchen Campingausrüstungen zum Einsatz, auch wenn man Alternativen finden wird, auf denen steht: »Frei von Thorium«!

Thorium gibt es in recht großer Menge – die Erdkruste enthält dreimal mehr Thorium als Uran. Das liegt daran, dass es durch diverse radioaktive Zerfallsketten entsteht, seine Halbwertszeit ist jedoch in seinem natürlich vorkommenden Isotop Thorium-232 höher als das Alter unseres Planeten.

Jöns Jacob Berzelius entdeckte das Thorium 1828 und benannte es nach dem Donnergott der Wikinger, Thor. Natürlich war ihm nicht klar, dass es radioaktiv war – dieses Konzept kannte man zu seiner Zeit noch nicht. Manchmal wird es in Atomreaktoren statt Uran verwendet. Da Thorium und Uran nicht zwangsweise an denselben Orten gefunden werden, arbeiten einige Länder am Ausbau ihrer Thorium-Reaktoren. Indien beispielsweise hat an seiner Ostküste hohe Monazit-Vorkommen (eine Thorium-Quelle), und so wird dort gerade eine neue Technologie entwickelt, mithilfe derer sich das Thorium in Zukunft effizienter nutzen lässt.

Protactinium

Kategorie: Actinoid
Ordnungszahl: 91
Farbe: silber
Schmelzpunkt: 1568 °C (2854 °F)
Siedepunkt: 4027 °C (7280 °F)
Entdeckt: 1913

Protactinium hat im Laufe der Zeit einige unterschiedliche Namen getragen. 1900 bemerkte der englische Wissenschaftler William Crookes, dass manche Uranerze eine unbekannte radioaktive Substanz enthielten: Er nannte sie Uran-X. 1913 isolierte der polnisch-amerikanische Chemiker Kasimir Fajans das Isotop Protactinium-234, das er »Brevium« nannte, da seine Halbwertszeit etwa eine Minute betrug. Als die deutsche Physikerin Lise Meitner jedoch ein anderes Isotop isolierte, nämlich Protactinium-231, dessen Halbwertszeit 33 000 Jahre beträgt, schlug Fajans vor, das Element umzubenennen. Meitner nannte es »Protoactinium«, da es in seinem Zerfallsprozess Actinium bildete, indem es dabei ein Alphateilchen verlor. Das Wort war etwas schwer auszusprechen, und wurde schließlich zu Protactinium verkürzt.

Für dieses seltene Element (das schwer zu raffinieren ist) finden sich kaum praktische Anwendungsmöglichkeiten. Allerdings kann es Auskunft über die Bewegungen von Wassermengen im Ozean geben, wenn Protactinium-231-Anteile mit Thorium-230-Anteilen verglichen werden. Beide Isotope finden sich in Meerwasser, da dort Uranpartikel zerfallen. Das Thorium zerfällt jedoch schneller als das Protactinium, sodass Wissenschaftler anhand dieser Zerfallsquote Modelle von Wasserströmungen erstellen können.

Uran

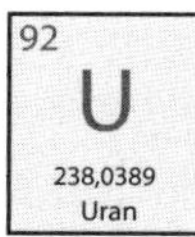

Kategorie: Actinoid

Ordnungszahl: 92

Farbe: silbrig grau

Schmelzpunkt: 1132 °C (2070 °F)

Siedepunkt: 4131 °C (7468 °F)

Entdeckt: 1789

Pechblende (oder Uranit), das Erz, aus dem noch einige andere radioaktive Elemente gewonnen wurden, war schon im Mittelalter Silberminenarbeitern bekannt, die das schwarze oder braune Mineral manchmal fanden. Martin Klaproth untersuchte es 1789, und es gelang ihm, eine gelbe Verbindung hervorzubringen, von der er richtigerweise annahm, sie enthalte ein neues Element (dass er nach dem Planeten Uranus benannte). Später wurde Uran von dem französischen Chemiker Eugène Péligot isoliert. Dass es radioaktiv war, stellte sich erst 1896 heraus, als Henri Becquerel eine Probe auf einer noch nicht entwickelten Fotoplatte stehen ließ, die daraufhin Schleier bekam, was darauf hindeutete, dass das Element irgendeine Strahlung abgab.

Die meisten Uranvorkommen unseres Planeten bestehen aus Uran-238 (etwa 99 %), nur ein kleiner Anteil ist Uran-235, und dann gibt es noch winzige Mengen anderer Isotope. Uran hat eine lange Halbwertszeit, was der Grund dafür ist, dass es noch immer größere Mengen davon gibt. Der radioaktive Zerfall des Minerals spielt eine große Rolle bei der Hitzeentwicklung im Erdkern (und Vulkanausbrüchen). Auch hat es uns außerordentlich dabei geholfen, das Alter der Erde zu schätzen: Es entsteht durch Supernovae in einem Verhältnis von 8:5 von Uran-235 und Uran-238. Wenn man die ursprüngliche Menge beider Isotope mit ihrer heutigen vergleicht (und dabei ihre Halbwertszeit mit einkalkuliert), lässt sich das Alter der Erde abschätzen.

Uran ist das einzige natürlich vorkommende Element, das in Atomreaktoren als Brennstoff verwendet werden kann. Es wird (mit Plutonium) auch genutzt, um atomare U-Boote zu betreiben, und für Atomwaffen, die riesige Energiemengen und Strahlung freisetzen: Entweder werden Atome bei der Explosion voneinander getrennt (Kernspaltung) oder verbunden (Kernfusion).

Neptunium

Kategorie: Actinoid
Ordnungszahl: 93
Farbe: silber
Schmelzpunkt: 637 °C (1179 °F)
Siedepunkt: 4000 °C (7232 °F)
Entdeckt: 1940

Der italienisch-amerikanische Physiker Enrico Fermi versuchte, die Elemente 93 und 94 herzustellen, indem er Thorium und Uran mit Neutronen bombardierte. Er selbst glaubte, es sei ihm gelungen, doch am Ende stellte sich heraus, dass er aus Versehen die Kernspaltung entdeckt und Spaltungsprodukte der ursprünglichen Elemente hervorgebracht hatte. Fermi arbeitete daraufhin am Manhattan Project und dem weltweit ersten Atomreaktor Chicago Pile-1.

1940 bedienten sich Edwin McMillan und Philip Abelson in Berkeley Fermis Methode und stellten Erfolgreich Element 93 her, das sie nach dem Planeten Neptun benannten, da er im Sonnensystem neben Uranus steht. Neptunium ist das letzte natürlich vorkommende Element des Periodensystems, da man Spuren in Uranerzen findet. In verschwindend geringen Mengen ist es auch in vielen Häusern zu finden, da das radioaktive Element Americium in winzigen Mengen für Rauchmelder verwendet wird, wo es zu Neptunium zerfällt.

Plutonium

Kategorie: Actinoid
Ordnungszahl: 94
Farbe: silbrig weiß
Schmelzpunkt: 639 °C (1183 °F)
Siedepunkt: 3228 °C (5842 °F)
Entdeckt: 1940

Plutonium wurde im selben Jahr wie Neptunium entdeckt, ebenfalls in Berkeley: Neptunium wurde synthetisiert und zerfiel, wobei es ein Betateilchen verlor und sich Plutonium-239 bildete (das wiederum zu Uran-235 zerfällt). Es wurde wie die beiden Elemente vor ihm nach einem Planeten benannt, Pluto.

Plutonium ist ein recht interessantes Metall: Bei Zimmertemperatur ist es spröde, doch wenn man es erhitzt und mit Gallium legiert, wird es weicher und man kann leichter damit arbeiten. Man kann auch eine Legierung mit Cobalt und Gallium herstellen, um ein Material zu erhalten, das bei niedrigen Temperaturen als Supraleiter verwendet werden kann (auch wenn es nicht lange hält, da das Plutonium schnell zerfällt und das Material dabei beschädigt.) Plutonium-238 wurde früher als thermoelektrischer Generator in Herzschrittmachern eingesetzt. Und seine Eigenschaft, beim Zerfall Hitze zu erzeugen, hat es Wissenschaftlern ermöglicht, Energiequellen für Raumsonden wie den Orbiter *Cassini* zu bauen, mit dem der

Saturn erforscht wurde. Am bekanntesten ist Plutonium natürlich aufgrund seiner Verwendung in Atomwaffen – »Little Boy«, so der Name der Bombe, die über Hiroshima abgeworfen wurde, war eine Uranbombe, doch bei der »Fat Man«, mit der anschließend Nagasaki zerstört wurde, kam Plutonium zu seinem schrecklichen Einsatz.

Die Elemente 95–118

Neptunium ist das letzte natürlich vorkommende Element, denn Plutonium entsteht durch Supernovae (und wenn man Uran bestrahlt). Ab hier werden die Elemente zusehends obskurer – man kann sie auf der Erde nur herstellen, indem sie in einer Handvoll high-tech-Laboren mit Teilchen bombardiert werden, und sie sind sehr instabil und zerfallen schnell wieder zu Uran und anderen Elementen. Statt also jedes einzeln vorzustellen, folgen nun nur die wichtigsten Fakten, ihre chemischen Symbole und Ordnungszahlen.

Americium

Americium (Am 95) gab es früher einmal auf der Erde, da es bei den natürlichen Atomreaktionen in der Erde Gabuns entstanden ist, doch sein langlebigstes Isotop (Americium-247) hat eine Halbwertszeit von 7370 Jahren, sodass diese Vorkommen bereits zerfallen sind. In geringen Mengen fällt Americium in Kernreaktoren an. Zum ersten Mal wurde es 1944 an der University of Chicago von Glenn Seaborg und seinem Team hergestellt.

Curium

Curium (Cm 96), das nach den Curies benannt wurde, wurde ebenfalls von der Gruppe um Glenn Seaborg entdeckt, allerdings 1944 in Berkeley. Seaborg gab die Entdeckung übrigens im November 1945 bei einer Radiosendung für Kinder bekannt. Es wurde als Energiequelle für Weltraummissionen genutzt.

Berkelium

Berkelium (Bk 97) wurde hergestellt, indem Americium-241 1949 mit Heliumteilchen bombardiert wurde. Es dauerte neun Jahre, um genug von diesem Element herzustellen, dass man es mit bloßem Auge sehen konnte. Es wurde nach Berkeley benannt, wo man es hervorgebracht hatte.

Californium

Californium (Cf 98) kam ähnlich zu Stande, und wurde nach dem Staat benannt, in dem es hergestellt wurde, indem Curium-Atome mit Helium bombardiert wurden. Es wird für Gold- und Silbererz-Detektoren verwendet, und um Metallmüdigkeit bei Flugzeugen festzustellen.

Einsteinium und Fermium

Einsteinium (Es 99) und Fermium (Fm 100) wurden im November 1952 im Fallout der Bikini-Atoll-Atomtests entdeckt. Zunächst wurden beide geheim gehalten und erst 1955 als neue Elemente bekannt gegeben. Elemente mit höherer Ordnungszahl als hundert werden »Transfermium-Elemente« genannt.

Mendelevium

Mendelevium (Md 101) wurde verdienterweise nach dem Erfinder des Periodensystems benannt. Bei seiner ersten Herstellung im Zyklotron in Berkeley wurden ganze siebzehn Atome hervorgebracht. Wie die meisten schwereren Elemente dient es nur zu Forschungszwecken.

Nobelium

Nobelium (No 102) war Auslöser einiger wissenschaftlicher Streitereien. Entdeckt wurde es 1956 von Forschern am Institut für Atomenergie in Moskau, die Entdeckung wurde jedoch nicht verkündet. Anschließend wurde es auch am Nobelinstitut in Stockholm (daher der Name) und in Berkeley hergestellt, woraufhin jahrelang diskutiert wurde, wer nun die wahren Entdecker wären.

Lawrencium, Rutherfordium und Dubnium

Auch um die Entdeckung von Lawrencium (Lr 103), Rutherfordium (Rf 104) und Dubnium (Db 105) wurde von russischen und amerikanischen Forscherteams gestritten. Element 103 wurde nach Ernest Lawrence, dem Erfinder des Zyklotron-Teilchenbeschleunigers benannt. Die Russen stellten das Element 1964 zum ersten Mal her, das wir heute als Rutherfordium kennen (benannt nach dem Physiker Ernest Rutherford), indem sie Plutonium mit Neon bombardierten. Eine ähnliche Technik führte zur Entdeckung von Element 105, das die Russen Nielsbohrium nannten, die Amerikaner Hahnium. Die IUPAC entschied schließlich, es sollte Dubnium genannt werden, nach der Stadt Dubna, in der das russische Joint Institute for Nuclear Research (JINR) steht. Lawrencium ist das letzte Actinoid: Die Elemente 104 und aufwärts können Transactinoide oder superschwere Elemente genannt werden.

Seaborgium

Seaborgium, benannt nach Glenn Seaborg, wurde erstmalig 1970 hergestellt, indem Californium mit Sauerstoff bombardiert wurde, und noch einmal 1974 durch die Bombardierung von Blei mit Chrom. Bisher wurden nur wenige Atome produziert.

Bohrium, Hassium, Meitnerium, Darmstadtium, Roentgenium und Copernicum

Bohrium (Bh 107) wurde vermutlich zum ersten Mal am JINR 1975 hergestellt, doch die erste sichtbare Produktion erfolgte am Institut der Gesellschaft für Schwerionenforschung, kurz GSI, indem Bismut in einem Kaltfusionsprozess mit Chrom bombardiert wurde (was so viel bedeutet wie Zimmertemperatur). Dasselbe Team stellte auch die ersten winzigen Mengen von Hassium (Hs 108), Meitnerium (Mt 109), Darmstadtium (Ds 110), Roentgenium (Rg 111) und Copernicum (Cn 112) her.

Nihonium

Nihonium (Nh 113) wurde 2004 von Forschern am RIKEN (dem physikalischen und chemischen Institut) in Japan hergestellt, doch bis heute wissen wir nur sehr wenig über dieses Element.

Flerovium, Moscovium, Livermorium, Tenness und Oganesson

Diese fünf Elemente wurden allesamt am JINR von Yuro Oganessian und seinem Forscherteam hergestellt: Flerovium (Fl 114), Moscovium (Mc 115), Livermorium (Lv 116), Tenness (Ts 117) und Oganesson (Og 118, benannt nach Herrn Oganessian selbst.) Tenness war das letzte der 118 Elemente, das synthetisiert wurde, und zwar 2010. All diese Elemente sind äußerst instabil und wurden nur in winzigen Mengen künstlich hergestellt, sodass wir nicht viel über sie wissen.

Element 119 und weiter

Wenn Sie ein *Star-Trek*-Fan sind, sagt Ihnen vielleicht Dilithium etwas, das kristalline Element (mit Ordnungszahl 119), das in der Zukunft die Raumschiffe mit Energie versorgt. Entdeckt wurde es, je nachdem, welche Episode man sich ansieht, entweder auf einem Jupitermond oder am Südpol. Die Autoren haben sich das Element natürlich nur ausgedacht (genau wie die Autoren des *Batman*-Comics, in dem Element 206 entdeckt wird: Batmanium) – aber die Suche nach neuen super-superschweren Elementen ist bereits in vollem Gange. Sie werden unglaublich schwierig herzustellen sein, denn es ist gut möglich, dass man Atome jahrelang mit Teilchen bombardieren muss, um nur wenige Atome des neuen Elementes zu finden (das sehr instabil sein und schnell zerfallen wird).

Das japanische RIKEN-Team stellt sich gemeinsam mit dem Oak Ridge National Laboratory in Tennessee dieser Herausforderung, indem Curium mit Vanadium-Ionen bombardiert wird. Das Team um Yuri Oganessian in Russland hat einen Versuch mit Berkelium vor, das sie mit Titan-Ionen bombardieren werden.

Carl Sagan hat einmal gesagt, wir seien »aus Sternenstaub gemacht«, wohl um sein Staunen darüber auszudrücken, dass sämtliche Elemente durch den Urknall entstanden sind, oder durch nukleare Reaktionen in Sternen und Supernovae, dass sie durch das Weltall gewirbelt und schließlich zusammengekommen sind, um alles in unserer Welt zu formen, organische sowie anorganische Materie, und auch jedes einzelne Molekül in unserem Körper.

Vor 1669 waren uns nur zwölf Elemente bekannt. Ende des 18. Jahrhunderts waren es bereits vierunddreißig. Mendelejews ursprüngliches Periodensystem umfasste zweiundsechzig Elemente, die zu seiner Zeit bekannt waren. Und nun kennen wir alle ersten 118 Elemente, darunter sämtliche natürlich auf unserem Planeten vorkommenden Elemente, und doch sind wir noch immer nicht zufrieden, denn es liegt wohl in der menschlichen Natur, immer mehr zu versuchen, weiter zu gehen, und nach den Sternen zu greifen.

Register

E

F

G

L

M

N

S

T

U

V

X

Y

Z